⛩ 鎮守の森

本書は1984年に当社より刊行された『鎮守の森』に、「鎮守の森の現代的意義」を論ずる序説を加えて、装いを新たに刊行するものです。

鎮守の森

上田 篤❖編著
Ueda Atsushi

鹿島出版会

復刊にあたって

上田篤編『鎮守の森』が鹿島出版会から出版されたのは、いまから二三年前の昭和五九（一九八四）年のことである。

昭和四八（一九七三）年のオイルショックによって打ちひしがれていた日本経済は、一九七〇年代末からはじまった日本産業全体のコンピュータリゼーションの進行によってその危機をのりこえ、国際貿易収支も大幅な黒字になるなどの好景気を現出した。

だが社会がこういう活況にむかった当時に出版された本書は、環境優良賞をうけるなど一部では大いに評価されたものの、一般にはあまり人々の耳目を引かなかった。

しかしわたしは『鎮守の森』出版後も「鎮守の森研究」をつづけた。その結果を『空間の演出力――参道の研究』（一九八五、筑摩書房）、『海辺の聖地』（一九九三、新潮社）、『日本の都市は海からつくられた』（一九九六、中央公論社）などの著書として発表した。

そしてそれを基礎によりひろい分野の学問の協働をめざして、平成一〇（一九九八）年に歴史学者の上田正昭さんと「社叢学研究会」を組織し、サントリー文化財団の助成をえて調査研究をおこない、その研究成果を『鎮守の森は甦る』（二〇〇一、思文閣出版）として世に問うた。

それを契機に，翌年、上田さんらとNPO法人社叢学会を立ちあげた。その会員は、現在、正会員、市民会員、賛助会員、協力会員をふくめて全国で六四〇名をこえる。

その社叢学会でまずとりくまれたことは、鎮守の森の全国的な悉皆調査のための手引書の作成であった。そこで会員たちの手によって『身近な森の歩き方』(二〇〇三、文英堂)がつくられた。

そうして国土交通省等の協力をえて「都市における歴史的緑地の保全と再生に関する調査」を実施し、その結果の報告書が作成され(二〇〇五、公園緑地協会)、全国の鎮守の森の保全と再生をめぐる状況が把握された。

一方、恒常的な活動としては、本部(京都市)のほかに関東(東京都)、中部(名古屋市)、福岡市、京都府亀岡市等に支部がつくられ、それぞれにおいて隔月に定例研究発表会などがおこなわれている。また社叢インストラクター制度が準備され、じっさいに滋賀県、奈良県、京都府向日市等では会員の指導によって「鎮守の森を守る運動」がすすめられている。

このように『鎮守の森』が出版されてからの二三年間に鎮守の森の保存と再生運動は大きく進行した。そしてその運動の展開のなかでひさしく『鎮守の森』の重版がのぞまれていたが、今回、ようやく装いを新たにして復刊される本書はたいへん時宜をえたものとおもわれる。

とどうじにわたしにとっては、一九七〇年の大阪万国博の「お祭り広場」いらいの「鎮守の森保存再生運動」の思想的原点をなすもので感無量のものがあり、こういう機会をつくっていただいた鹿島出版会にあつく御礼を申しあげたい。

二〇〇七年四月

上田　篤

まえがき

鎮守の森——というのは、懐かしいことばである。子供のころ、よくこういう歌をうたったものだ。

村の鎮守の神様の
今日はめでたいお祭り日
どんどんひゃらら　どんひゃらら
どんどんひゃらら　どんひゃらら
朝から聞こえる笛太鼓

しかし、大人になって、ほとんど鎮守の森のことなど忘れてしまう忙しい生活の日々がつづいた。その鎮守の森のことを、ふたたびおもいださせてくれたのは、たまたま荘子の「人間世」のなかの一節、いわゆる「無用の用」といわれる一文を読んだときのことである。およそ材木にもならない役立たずの鎮守の森の木々が、役立たずであるがゆえに伐られることを免れて人びとに緑陰を提供し、大いに役に立っているという話。

一九六八年ごろから、世界的におこった「学生反乱」のなかで、わたしは人生の多くの教訓を学んだ。そのなかで、わたし自身の少なからぬ思想的彷徨のあいまに、時おり姿をみせたのは、この

「無用の用」の考えであった。わたしは、しばしばこのことを例にとって、都市の自然や歴史の保存を訴える論理としてきた。[*1]

あるとき、わたしは大阪市のある区画整理予定地で、じっさいの鎮守の森のつぶされる寸前の光景をみた。それがあまりに日常的なことなのに、わたしは深い衝撃をうけた。いよいよ、これは「鎮守の森」を例にとって都市の一般的な保存を訴えるだけではなく、鎮守の森そのものを保存しなければならない、とおもった。一九七五年春のことである。[*2]

一九七八年春から、大阪大学で教鞭をとるようになって、わたしの頭のなかは、神社や参道、そして鎮守の森などのことでいっぱいとなった。そこで、まず大阪大学環境工学科において「鎮守の森保存修景研究会」をつくって研究を開始した。その「参加よびかけ書」のなかでわたしはつぎのように書いた。それが鎮守の森研究の意義でもある。

> 鎮守の森は、氏神や産土神を祀った森であります。
>
> 日本人は昔から祖先信仰のほかに、自然崇拝つまり自分たちの住んでいるまわりのさまざまな物の霊や魂を信仰し、そしてこれらの神を核として、コミュニティ＝村や町をつくってきました。しかし、二十世紀の現在では、もはやこのような信仰はだんだん薄れ、その意味を失いつつありますが、ただ、これらの神々の社殿をとりまく鎮守の森は、殺伐とした現代における人間環境のなかの緑として、まことに貴重なものがあります。
>
> 荘子に「無用の用」を説いた話があります。お宮の前にある櫟の木は、曲りくねった老木で材木としては役に立たないけれども、かえって木こりに伐られないためにいつまでも青々とした木陰

＊1　たとえば拙稿「現代都市における無用の意味」（上田篤他編『都市の保存と開発』1973年，鹿島出版会）

＊2　拙稿「都市における自然」（環境庁長官官房総務課『生命ある地球』1975年12月，ぎょうせい）参照。

をつくって、人々に憩いの場を提供する、という話です。ところが最近の日本の状況をみると、この「無用の用」の役割を果している鎮守の森が、伐られだしているのです。そしてその後を、駐車場にしたり、細くきりきざんで分譲住宅にしたりしています。

全国に幾十万と存在する鎮守の森は、また生活環境としてだけでなく、さらに学術的にも、古代の植生や共同体の構造をはじめとして、水利、建築、祭祀、芸能、民族等の実態を知る上でたいへん重要なものです。これは何十代にもわたってわたしたちの祖先が作りあげてきた日本人の貴重な文化遺産ということができるでしょう。

私たちは、この鎮守の森を、これからも日本人のすぐれた人間環境と文化の財産として、守り、育て、次代に引きついでゆきたいと考え、鎮守の森を保存し、よりよく修景するための共同研究をはじめることをここに緊急に呼びかけます。――鎮守の森保存修景研究の呼びかけ書（一九八一年六月）

以上のような趣旨にもとづいて、研究会は発足した。

まず最初は現況の調査から始めようということになった。そしてその調査には滋賀県の全面的な協力が得られた。その結果を、一九八二年九月、『鎮守の森の保存修景のための基礎調査』（滋賀県企画部）としてまとめた。本書は、それらの成果を中心に編集されたものである。

なお、この調査研究の実行にあたっては、滋賀県、財団法人滋賀総合研究所、吉良竜夫滋賀県琵琶湖研究所長、上田正昭京都大学教授、大阪大学環境工学科の教官、環境計画学講座の学生の皆さんに、物心両面で多大の援助をえた。本の製作にあたっては鹿島出版会の大滝広治氏にいろいろ御面倒を御かけした。記してここに感謝のことばとしたい。

一九八四年一月

上田　篤

鎮守の森　目次

序説——鎮守の森は、いま私たちに語りかける！

鎮守の森は地域のランドマークである

鎮守の森はどこにでもある。

たとえば日ごろは気づかないが、その気になってよくよく観察すると、マンションの窓から遠くをみまわしても、道をあるいていてふと空をみあげても、電車の窓から郊外の風景をながめていても、高速道路にのって国土を走っていても、そこにしばしばポコッポコッとした緑をみかけるからだ。日ごろは気にもとめていないが、いわれてみるとたしかにそういうものがある。

そのポコッポコッとした緑をよくよく観察すると、しばしばそのなかに鳥居をみかける。そうすると、これはまちがいなく鎮守の森である。またそのとき鳥居を発見できなくても、暇なときにでかけていって廻りをしらべてみると鳥居をみつけることがおおい。鎮守の森だ。

わたしがそのことを「発見」したのは、昭和三九年一〇月、できたばかりの東海道新幹線にのって車窓から国土をみたときだった。田畑や市街地のなかにある「ポコッポコッ」とした「緑の小山」が忘れられず各地の鎮守の森の視察をはじめ、なかに小豆島の亀山八幡宮の鎮守の森の境内のすばらしさをみてその形を七〇年大阪万国博覧会の「お祭り広場」に採用したのだった。

鎮守の森は、江戸時代末には約一九万あった。その数は、原則としてとうじの村や都市のお町内の数と一致していた。というのも鎮守の森は、村やお町内の氏神だったからだ。鎮守の森を核として村やお町内は発展してきた。その証拠はいまもみられる。各地の祭の盛況がそれだ。祭はみな村やお町内の祭であり、村やお町内の氏子たちがボランティアでおこなっているものだからだ。

ところで一九万あった鎮守の森は、明治末年に政府がすすめた「神社合祀政策」により一一万ほどにへらされた。ところが、わたしがいくつか現地にあたってしらべた結果では、合祀された神社からは旧ご祭神は姿をけしているが、なお森と神社の形はのこっていて、おどろくべきことにべつの新しい神さまが鎮座したりしている。氏子たちもなおおく健在で祭などをやっている。

ということをかんがえると、鎮守の森の数は、江戸時代も、明治時代も、いまもそうはかわっていないのではないか。大都市などにおける消滅を考慮しても、なおその実数は一七、八万ぐらいあるだろう、と推定される。

その鎮守の森と人口の関係をみる。つまり、日本の一億二八〇〇万の人口を鎮守の森の総数でわってみると、平均して七〇〇人に一つぐらいの割合で鎮守の森がある、ということになる。

鎮守の森が「地域のランドマーク」となり、どこにでもみかけるわけだろう。

鎮守の森は緑をつくる

いま鎮守の森を「ポコッポコッとした緑だ」といった。これは大切なことだ。

なぜなら、緑というとわたしたちはふつう公園をおもいうかべる。しかし公園の緑のおおくは「パラパラッとした緑」にすぎない。鎮守の森のように「ポコッポコッとした緑」、すなわち木々が密集して、しかも背の高い森を構成している、などというような公園はまずない、といっていいからだ。

というのも、公園のおおくは樹木よりも花、ベンチ、噴水、ブランコ、スベリ台、運動場、文化施設などを設置することを主にしている。しかもその「パラパラッとした緑」も若い木がおおく、鎮守の森のように何百年もたったような古樹・巨樹・大樹は存在しない。実感としてはあまり緑とはいいがたい。

これにたいして鎮守の森は、いまいった年季のはいった木々がたくさんあるだけでなく、しばしばうっそうとしていて足をふみいれるのが怖いぐらいだ。というのも、鎮守の森は何百年、何千年のあいだ人間の手があまりはいらないままに自然に成長してきたからである。

そういう鎮守の森だから、都会の人間が癒しをもとめる「緑」としてはだれがみても公園より鎮守の森に軍配があがる。にもかかわらず鎮守の森は「政教分離」という建前から、都市計画的には「緑」としてあつかわれていない。敬して遠ざけられている。都市計画図などをみても、公園は緑色だが鎮守の森はグレーにぬられている。

また一般市民も公園は緑と意識しているが、鎮守の森はときに緑と意識するどころか、祭のとき以外には立寄るのを遠慮するような場所、人によっては「軍国主義の残滓の空間」などとかんがえられている。千年、二千年の歴史をもつ日本の森であることなど、およそ念頭にない。

近ごろは鎮守の森の木々が伐られて病みおとろえたものもふえてきたが、それでもなおおおくのものが「ポコッポコッとした緑」のランドマークになり、さらにランドマークだけでなく、阪神淡路大震災のときのように火災にたいする「緑の防護壁」になって市民をまもることにもっと注目すべきであろう。

鎮守の森は空気を清める

鎮守の森のなかに足を一歩ふみいれる。すると、一瞬、ヒヤリとする。なにか空気の違いを感じさせる。

それもそのはず、森の木々は、空気中の二酸化炭素のうちの炭素を吸収して酸素を放出しているからだ。「森のなかには酸素がおおい」「オゾン浴ができる」などといわれるわけである。

とはいっても、息をすったらただちに感じるほどのたくさんの酸素を放出しているわけではないが、しかし森の木々が空気中の二酸化炭素のうちの炭素を大量に吸収していることは、木々の年々の炭素蓄積量の増大をみてもわかる。

それをしらべた経済学者の大崎正治さんは「単位面積あたりで比較すると鎮守の森の炭素蓄積量は一般の森林の炭素蓄積量よりも三・三倍ほどおおい」という。そんじょそこらの森林より鎮守の森のほうがずっと炭素をたくさん吸収している、いいかえると酸素を放出しているのである。

その原因については、鎮守の森の木々はふつうの森林の木々よりも樹齢が高く、したがって体が大きい、いわば大人と子どもの違いがある、ということがある。それに広葉樹がおおく、またこのごろでは周辺住民からの落葉の苦情もあってしょっちゅう枝葉が手入れされるので、鎮守の森の木々は失地回復とばかりますます活発に活動することなどがあげられる。

しかし、じつはそうやってみても、一年間に一〇〇本ほどの鎮守の森の木々が吸収する炭素量は、一年間に一軒の家の放出する二酸化炭素の炭素量、あるいは二、三台の自動車の排出する排気ガスの炭素量ぐらいだそうである。

たしかに都市のなかでみるとその量はたいしたものではないかもしれない。しかし国土全体、あるいは世界でみるとどうなるか。

世界中の人間が年間に排出する二酸化炭素は六三億トンだが、森の木々をふくむ植物はそのうちの三一億トンを吸収している。そういう森のなかあって鎮守の森はその吸収率のもっとも高い、いわば巨人である。もし日本中の森が鎮守の森になったらものすごい威力を発揮することだろう。

鎮守の森は、地球温暖化防止にむけて活躍する尖兵の可能性をもっている、といえる。

鎮守の森は水を貯える

森は「緑のダム」といわれる。

そのわけは、森の木の葉がたっぷりと雨水をふくみ、また地表の落葉層も雨水を大量に滞留させ、その滞留した水を蒸発させないように木々の葉っぱがおおいかぶさって影をつくり、さらに木々の根が大地の奥ふかくまで岩盤をくだいて雨水を地中に浸透させるからだ。

鎮守の森はそういうなかにあって、とりわけ水を豊富に貯蔵する「ダム」といえる。その証拠に昔の人々は森のなかの「水源涵養林」をえらんで氏神とさだめ、その氏神のまわりに村を建てて水をえていたからだ。だから鎮守の森からはいつも清冽な水がコンコンと湧きでる。

じっさい、鎮守の森の社にはかならず手水舎がある。人々はそこで手をあらい口をすすいで心身をきよめる。そういう清い水のあることが鎮守の森の絶対条件になっている。

もっともこのごろでは、鎮守の森の周辺の市街化のために水脈が切られて湧水が断たれ、地下水脈が引き裂かれて井戸水が枯れるケースがおおく、やむをえず禊の水は水道にたよっている社がおおい。

しかし、それでもなおコンコンと水の湧きでる社には、大きなポリタンクをかかえて水をもらいにくる人々が跡をたたない。鎮守の森のかなりのものは、いまもわたしたちの生活に欠かせない水を貯蔵してくれているのである。

鎮守の森は生きものを育てる

わたしの住んでいる京都に府立植物園がある。

広大な敷地のなかに、大きな噴水と、それをかこむチューリップの大きなお花畑、さらにきれいに刈りこまれた梅の林や椿の林、桜の林などがあり、休日にはたくさんの人々がやってきて府民や市民の「一大公園」になっている。

ところがこの「公園」のなかにはいっていくと、突然、鳥居にぶっつかる。「府立植物園のなかになぜ神社があるのか？」とおもって、怪訝な面持ちで足をふみいれると、一瞬、フアッとする。いままでの「公園」とは空気がちがうのだ。

足元をみると舗石ブロックがない。やわらかな地道だ。

まわりは、松林や杉林などきれいにゾーニングされた林とはちがっていろいろな木々が折りかさなるようにしげっている。森だ。

地面には雑草がはえ、あるいはシダ、コケ、地衣類などが地をおおっている。奥のほうには池があり、小さな社がある。

そしてなによりおどろいたのは、その森のなかで鳥がないていることだ。いままでとおってきたチューリップの花畑や、梅、椿、桜の林などではついぞきけなかった鳥の声が、ここではやかましくきこえる。

いったいこれはどういうことか?

ここは半木《なからぎ》神社という古い社である。周囲は田んぼだったが、大正の初めに京都府がその田んぼを買いとって博覧会をやろうとしたが実現できず植物園になった。「おなじ緑だからいっしょでいいだろう」と半木神社もそのままますえおかれた。とうじはいまとちがいノンビリしていたようだ。

それはまあいい。問題は、公園と森ではこんなにも雰囲気がちがうということだ。公園の木々や花々は緑にはちがいないが、それは植木鉢の緑とかわるところがない。人間が手をかけなければ死んでしまう。自然とはいいがたい。

これにたいして鎮守の森の緑は自然そのものである。その証拠に、鎮守の森はいまのべたようにおおくの生きものをそだてているのだ。

鎮守の森の大きな特色である。

鎮守の森は生きものである

話はとぶが、東南アジアの熱帯雨林をしらべている神戸四郎次さんという造園学者が、さいきん『森は巨大な一体の生き物』という本をだされた。

それによると、常夏の東南アジアの森では春というものがないので森の花はしばしば七、八年おきにいっせいに咲くが、その「いっせいに咲く理由」をしらべているうちに「森の土壌のなかの菌根菌という菌類がどうやら一役かっているらしい」ということがわかった、というのである。菌根菌が異種の植物の根のあいだで水やミネラルの交換をしているらしいのだ。

すると「そういうことは日本のシイノキの山にもある」という学者があらわれた。また「ソメイヨシノなども一山の花がいっせいに咲く」などという。

かんがえてみると、鎮守の森も昔はおおく一山があてられた。森も山も日本ではがんらい同義語である。すると鎮守の森のある山も、山のの土壌をつうじて山全体の植物がいろいろ関係する可能性がでてくる。つまり鎮守の森の山が「一体の生きもの」あるいは「群体構造」をなす可能性だってあるのだ。

じっさい鎮守の森では、二本の木の枝が一本になる「連理」という現象がしばしばみられ、何本かの木が地下でつながっていて「一本の木を切れば他の木も枯れる」などという現象がしばしばおきるのも、そういったことと関係するのかもしれない。

「鎮守の森は群をなす生きもの」ということも、いえるかもしれないのである。

鎮守の森は環境文化の原点である

　このように鎮守の森は、地域のランドマークであり、緑であり、また空気の清浄化にも貢献している。さらには緑のダムとして水をたくわえ、おおくの生きものをそだて、さらにはそれ自体が群をなす生きものかもしれない。

　というようにみてくると、鎮守の森はこの国に古くからある環境文化の原点といえるものではないか？

　二一世紀の今日、鎮守の森は、以上のように日本の環境文化の原点としてわたしたちにそういう問いかけをおこなっているのである。

　であるならば、わたしたちもそれにこたえなければならないのではないか。それは、鎮守の森のことをもっと知り、鎮守の森とともに生きる方途をかんがえることによってである。

二〇〇七年四月

上田　篤

［I］現代における鎮守の森の意味

わたしたちのまわりを見まわしますと、都市化の波によって、自然がはげしく傷つけられてきております。そこで自然保護ということが、空間創造の問題とからんでいろいろいわれていますが、その一つとして、ここに鎮守の森の問題をとりあげたいとおもいます。

その理由はいろいろありますが、これはたいへん古いものである。神社というものは、神社本庁で登録されているものだけでも八万座くらいある、といわれております。さらに神社本庁に所属していないものや江戸時代の村社で廃絶されたとされるかそうでないものもをふくめると一五万とも二〇万ともいわれ、その総数は定かではありません。その神社が、だいたい、みな鎮守の森をもっている。この全国各地に残っている鎮守の森は、古くから地域のコミュニティの核として存在してきた。つまり、国家神道でなく民間信仰としてうけつがれてきたものが非常に多い。これが現代の工業社会のまっただなかにかなりの数でまだ残っている。というのは、奇跡的事実です。

こういう古いものをいまだに残している社会は、おそらく、他の国でもあまり例がないのではないか。しかし最近では、鎮守の森を守る人たち、すなわち氏子や地域住民がいなくなり、公共団体の土地区画整理や何やかやで、どんどん破壊されていく一方です。

そこで、わたしどもの大学で「鎮守の森保存修景研究会」なるものをつくって、その調査を始めております。まずは、その調査のなかで明らかにされた鎮守の森の現代的意味をかんがえてみたいとおもいます。

神社は、ときどき、わたしたちの現代生活の前にお祭という形で現れてまいります。そのとき、はじめてお宮さんというものをわたしたちは見なおすわけです。もっともお祭は、このごろたぶんに観光化されておりますから、問題もたぶんにありますけれども。

もう一つ、お正月があります。これもお祭ですが、一九八〇年のお正月三ケ日で、日本人がお宮参りした総数は四、六〇〇万人という一つの統計があります。これは、いまから一〇年前におこなわれた、大阪万国博の入場者数四、五〇〇万人よりも多い数字です。万博は半年間おこなわれたけれども、正月三ケ日でお宮参りする人の数は、ほぼそれに匹敵します。どうしてわたしたちは、正月になったらお宮さんにお参りするのか、あるいは急に神様をおもいだすのかどうかしりませんが、これは日本人の心の問題として、たいへん面白いことだろうとおもうのですが、いまそのことはさておきます。

お祭とお正月のほかに、もう一つ鎮守の森がわたしたちの生活の前に意味をもってくるのは、鎮守の森のもっている境内の緑、そしてその環境です。たとえそれが小さなものであっても、そのお宮のまわりの環境はたいへんよろしい。ちゃちな公園より、人びとはお宮のまわりに住むことを欲しております。

大阪は非常に殺伐とした町だといわれておりますけれども、お宮さんやお寺がたくさんあるところのまわりには、静かな住宅地などができたりして、人びとはそのあたりに住みたがるわけです。

じっさい、わたしも興味をもって、わたしの住んでいる近くのお宮をほとんど歩いてみました。小さなお宮も、はじめてゆくお宮も、地図を頼りにゆきますけれども、道路や町並の合い間から、ひと歩いていたのではとても間にあわない遠いところもありますので、ときどきは車で参ります。小さきわ高い樹林がちらちらと見えるのですぐ見当がつく。はじめてゆくお宮がどこにあるのかがすぐわかる。それは森のせいです。お宮さんというのは、そういう意味では、その森によって地域のランドマーク、陸上の目印になっております。それは一つの発見でありまして、お宮というのは、日ごろはそのつもりで見ておらないけれども、いざ探すとなると、こんなに発見しやすいものはありません。

無用の用

鎮守の森を構成しているものは、大きくいって二つあります。一つはお社、もう一つはそれをとりかこむ境内です。境内というのは緑、すなわち自然であり、お社というのは建築ですから、両者はいわば自然保護と空間創造という関係にみあうものです。その両者は、いわば鎮守の森という形で、もちつもたれつの関係にあります。

というのは、荘子に「無用の用」という有名な話があります。すなわち、きこりは鎮守のお宮さんの前にあるイチイの木とかクヌギの木を伐らない。そして山へはいって、スギやヒノキを伐る。そこで、きこりの弟子が「なぜお宮さんにある大木を伐らないんですか。あれのほうがずっとたくさん材木がとれるんじゃないですか」と質問したところが、きこりがいうには、「お宮のまわりに植えられているイチイやクヌギの木は、見掛けは立派だけれども、なかは腐ったりほんがらになっていて、しかも曲がりくねっていて、材木にはとてもならない木だ、ああいう役にたたない木を散木という」というのです。材木の材は人材の材、有用なものです。材木になるのは、スギやヒノキのように繊維のとおった、まっすぐな木である。その晩、鎮守の森の神が、きこりの夢のなかに現れて、「お前はおれの悪口をいったけれども、お前らきこりに伐られないことによって、いつまでも青々とした緑をたもって、その木々の下に人びとが集ってくれるのだ。そしてまた、それは社を守っているのだ。その社は人びとの生活の中心的な役目を果たしているのだ。お前らに伐られなくて幸いだ」というのです。これが「無用の用」つまり「役にたたないものが役にたっている」という話であります。

そのように、境内の樹木は、社を守っている、あるいは人間を守っている、ということがいえます。自然の緑が無用の用という役割を果たしているのです。

もう一つ、これは逆ですが、こんどは社が境内を守る、ということがあります。いまわたしたちは鎮守の森というように、モリという字は、普通、木を三本書く、これは本来は自然の森の意味です。ところが鎮守のモリというときは「杜」という字をしばしば使います。この字は「神聖なる森」という意味をもっております。いうまでもなく、鎮守の森の境内は、神聖なる森とされております。なぜ神聖なる森なのか。そこに神社があるからか？

そのことはまた後でのべるとして、ふつう日本人は、心の奥底に、鎮守の森の木は伐ってはいけないのだ、あれは神域の木なのだ、という意識があるのではないか。お宮さんのないたんなる雑木林はともかく、お宮さんのある鎮守の森の木を伐ると、ばちがあたるのではないか、という一種抵抗感があります。そういう意味で、社が森を守っている、ということがいえるかもわかりません。

こういうこともあって、鎮守の森はこれだけ乱開発が進んでいるなかで、相当数のものがかろうじて、まだ守られておりますが、これもたいへん危なくなってきております。そこで大阪大学環境工学科の教官有志は、いま全国的に鎮守の森の保存運動を呼びかけております。そういうことに興味のある方は、わたしどものほうにお手紙をいただければ、たいへんありがたいのです。

聖俗二元支配の構造

さて、こういうふうに鎮守の森の構造が、社と境内にわかれてお互いに守りあう関係にある、という一つの例を示しましたけれども、少しここから話が難しくなります。というのは、じつはこういう関係は、わたしたち日本人の文化の構造としてあるのではないか、とおもわれるからです。そういうことで、少し日本の古い話を紹介したいとおもいます。

これは日本神話にでてくる話ですが、むかし、大国主命が国譲りをいたします。つまり、出雲の地にいた国つ神が、おそらく、九州か朝鮮半島からやってきたであろう、天つ神といわれる建御雷命《たけみかづちのみこと》にたいして降伏して、国を、ぜんぶ譲るわけです。そのときに大国主命は、「全面的に天つ神にこの国をお譲りいたしましょう。しかし一つだけ条件があります。それはわたしども一族を、天つ神の一族に加えていただきたい。その証拠として『底つ磐根《いはね》に宮柱太しり、高天原《たかまがはら》に氷木《ひぎ》高しり』というお宮を建ててほしい」というのです。

これはどういうことか、というと、太い掘っ立て柱をもった、どうじに高天原にとどくような高い千木をもったお宮を建てて、そこにわたしを祀ってほしい。それでわたしども一族が、天つ神と同格である、ということの証拠になる。それを条件にして降伏する、ということで国を譲ります。

そのあとで、さっそくにお宮が建てられて、そこでお祭がおこなわれます。そのとき大国主命は、「わたしたちの子孫は、どういうことがあろうと、皇孫《すめまさ》の子孫（瓊々杵尊《ににぎのみこと》以下天つ神の子孫）をお守りいたします。」これは、侵入者である天つ神はおそらく少数、国つ神のほうが圧倒的多数だったからでしょう。「その代わりに、この宮でわたしを祀ってほしい。」

そして、それにつづけてこういうことをいうのです。「顕《あら》わ（現世）のことは皇孫《すめまさ》まさに治めたまふべし、吾は退《しりぞ》きて隠れたることを治めむ。」隠れたることと顕わのこと、というこの二つは、通常、宗教でいう聖俗の二元支配と解してよろしいでしょう。つまり現世は皇帝が統治する。しかし神の世界、あるいは天上界は、キリスト教でいえば、ローマ法王が預かる、というような、現世とあの世をわける考え方です。日本の神話でも、そういう契約がおこなわれる。聖俗二元支配ですが、お互い、守り守られつ、という関係がそこにもみられます。

ここからさらに、もう一つ面白い問題が始まります。その祭で何をするのか、というと、まず海の土を採ってきてお皿をつくって、そしていろいろな魚をその上にのせて、神あるいは神聖なるものの前に供物として捧げます。そのばあい、ある種の海草をもってきて、それをウスにつくり、さらにキリにつくり、ウスとキリで火を起こします。それは魚を料理するためのものですが、しかし、その火の勢いは「高天原には天《あめ》の新栖《にいす》の凝烟《すす》の八挙《やつか》垂るまで焼《た》き挙げる」というものすごいものです。つまり、どんどん火をたいて、天上の宮殿のなかで、ススが梁からたれ下がってくるくらいにたきあげる。もはやこれはたんに魚を料理する、というようなものではない。これは何を意味しているのか、というと、このものすごい火によってすべてのものを浄化する、という浄めの火です。

聖火です。そうとしかかんがえられません。

　これはたいへん面白い話です。つまりこのばあい、大国主命は火である。＊

文化習合

　さきほど申しました「底つ磐根に宮柱太しり建て、天上に千木高しり建てる」というなかの底つ磐根というのには、「根の国」という発想がある。それは国つ神の本願の土地です。地の底は、国つ神の土地として常に神話にでてきます。すると掘っ立て柱というのは、国つ神の文化である。

　こんどはX型の千木ですが、これは北方系民族のパオのテント構造のように、一種の扠首（さす）構造の象徴なのです。建築でいえば垂木《たるき》構造、あるいは、合掌造《がっしょうづく》りともいいます。つまり垂直の柱を建てるのではなくて、斜め材を傘の骨のように組み合わせていって家を建てる、という構造です。すると、千木というものは、北方系の空間のシンボルであり、天つ神、つまり天上に神がいる、という思想と関連いたします。逆に掘っ立て柱を底つ磐根に建てるのは、南方系のシンボルである。つまりは国つ神の文化である。国つ神は南方系とかんがえられるからです。

　その結果、新しい建物がこのときに確立するのですが、わたしはこれを「文化習合」と呼んだらどうか、とおもいます。神と仏がいっしょになることを「神仏習合」と申します。この習合は、異質なものを集めてきて、まったく第三の新しいものをつくりだす、ということとかんがえれば、まさに両系の文化をあわせて、日本独得の神社建築、宮建築になったわけです。

　こういうことは、日本建築のほとんどすべてについていえます。たとえば、伊勢神宮とか桂離宮

＊　詳しくは拙稿「カクレガからミアラカへ」（上田篤他編『空間の原型』，1983年，筑摩書房）

でさえもそうであって、いずれもそれまでのあらゆる建築様式の集大成とかんがえられております。ブルーノ・タウトは桂離宮を見て、「非常に機能主義的で単純明快だ、ここに日本精神がある」といったけれども、それは一面であって、桂離宮というのは、一見した形態はともかく、よくみるとじつにごてごてしております。そこにあらゆる文化要素がはいっている。これを日本のそれまでの全文化の習合物だとは、ブルーノ・タウトも見抜けませんでした。日本建築はすべてそういうものであります。

この出雲のばあい、そういう文化習合を何のためにやるか、といったら、ただ火をたくためにやる。それをわたしは自然回帰、あるいは原型回帰と呼びます。ものすごい文明、文化の最先端のものを集めて構築する目的は何かといったら、いちばん原型的なものに帰る、という話です。* それをもういちど鎮守の森に置き換えてみたときに、つまり、いまいったような視点から、文化としての鎮守の森をかんがえたときに、鎮守の森はいったいどういう意味をもっているのか。

参道の意味

わたしは、日本の社でいちばん大切なものは、境内でも社殿でもない、いちばん核になるものは、じつは参道だ、とおもっております。

日本のお社の大きな特色はそのアプローチです。鳥居が幾つもあって、参道がどこまでも続いている。ときに折れたり、曲がりくねったり、いろいろ変化している。西行が伊勢神宮に参ったときの有名な歌に、「何事のおはしますかは知らねども　かたじけなさの涙こぼるる」という歌があり

＊　拙稿「前掲論文」

ます。こういったふんいきは、どの神社も、どの鎮守の森ももっている。つまり、そこにはある種の威厳があります。それは参道空間に負うところが大きい。何か神聖なところにはいっていくような気持ちをわたしたちはもたされます。じっさい、参道を歩むにしたがって、いろいろ景観が変っていって、最後に社に到達する見事な空間の演出がそこにあるのです。

西洋の寺院は、その神殿自身に意味がありますけれども、日本の社はそうではない。日本の社というのは、基本的にぜんぶ「道行《みちゆき》」である、とわたしはおもっております。*1 したがって神社は、「参道」にこそ意味がある。

では社《やしろ》は何か。もともと神社というものの原型には社殿はなかった、ということは、一般によくしられていることとおもいます。

たとえば沖縄にまいりますと、ヤシロの原型的なものがたくさん残っております。有名なセイファウタキというのがあります。これは沖縄で、いちばん聖なるウタキ（神社）ですが、何でもない藪のなかを、細々とした道が続いているだけで、ほんとうにそれは道に迷うぐらいのものです。ところどころに岩かげがあって、そこにお祀りがしてある。歩いてゆくとそういうところにぶつかる。またゆく、またぶつかる。そして最後に大きな洞窟のような岩があって、そこをくぐるとパッと向こうに海が見える。そこがいちばん最後のお祀りがおこなわれる場所ですが、何もない、ただ岩があるだけです。小さなわずか二坪か三坪ぐらいのところです。しかし、その岩かげからずっと海が見える。海の向こうに久高島という島が見えます。これは沖縄のいちばん聖なる島です。つまり、しいていえば、そこにはただ「演出」があるだけです。*2

＊1　拙稿「参道の研究・その1～12」（『近代建築』1982年7月号～1984年1月号，近代建築社）
＊2　拙稿「前掲論文その1・2」

何があるのか、何があるのかと期待をもって歩いていくいちばん最後のところまできて、これで終わりかとおもったら、そこにまた海があって、海の向こうに島が見える、意識だけがそこに飛んでいく、というこの構造が重要で、わたしは日本の神社は、ぜんぶ基本的にこういう性格をもっているのだ、とかんがえております。わたしはこれを「粟幹《あわがら》の道」とよんでおります。

聖なる森

そのわけは、もういちど神話にもどりますが、大国主命が国づくりをやっているときに、少彦《すくなひこ》名神《なのかみ》が海からやってきて、いっしょに国づくりをする。とくに農業の開発は少彦名がいたします。少彦名というのは、手の平にのる一寸法師のような小さな神様なのです。ところがあるていど国づくりができた段階で、少彦名は去ってしまいます。粟の島へいって、アワガラに登り、そしてアワガラにはじかれて「常世《とこよ》の国に去《いた》りましき」と『古事記』に書かれてあります。つまり、あるところから、ポーンと常世の国に飛んでいったわけです。

わたしは、ヤシロというものは、参道に意味がある、と申しましたが、かならず行き止まりがある。しかしそこで終わらない。意識だけがポーンと飛ぶのです。さきほどいいましたセイファウタキなどがそうです。あるいは宮崎の鵜戸《うと》神宮もそうです。山を上ったり下りたりして最後に海の洞窟までいきます。そしてふりかえると、真東から太陽がのぼる。太陽を見るいちばんいい場所に洞窟はあります。そのなかに社があります。* 伊勢の二見ケ浦もそうです。二見ケ浦から太陽がのぼるのを見る。そこには太陽信仰があります。つまり、これらは太陽が常世である、という思想です。

＊　拙稿「前掲論文その３・４」

神社というのは、常世、すなわち永遠なる世界へのいわば発射台みたいなものです。そこが終点ではない。社殿があるじゃないか、といわれるかもわかりませんが、これはのちにできたもので、ヤシロは最初は屋代《やしろ》、すなわち敷地という意味です。これは神をよんでくる、勧請をする、そして依代《よりしろ》を伝って神がおりてくるとき、一時的に屋を建てる場所にすぎません。そして祭が終わったら、また屋を壊してしまった。神は常にそこに留まっていないからです。それが、仏教の偶像崇拝の影響で、宮というような永久建築になっていきますが、その中間形態が伊勢神宮です。それは、いまも二〇年おきに建て替えられております。

こういうふうにかんがえていきますと、日本の民間神道の建築として、古くからあるヤシロは、四つぐらいの型に分けられるのではないか、とわたしはおもっております。一つは、御屋《みや》型で、出雲大社がいちおう、文献上は最初の宮とされております。永久的建築として。しかしそこが行き止まりかといったら、そうではない。そこでときどき火をたく。そのときだけ神が降臨するわけです。神と人との交合の場となるわけです。つまり祭がそれです。もっとも、火をもって神をよぶ媒体としたのはおそらく国つ神であって、それ以後の天つ神がもっぱら用いたのは鏡です。天照大神が瓊《に》瓊杵命《ぎのみこと》に鏡を手渡して、これを我とおもえ、といいます。その鏡を見ることによって天照大神を見ることができるという……。鏡そのものは依代である。偶像ではない。そこから天照大神を見る、という構造になっているのですから、ヤシロが神殿のようなものであっても、それは終点ではありません。そこにおかれてある鏡は、いわば通信機がおかれているようなものです。

二番目は屋代《やしろ》型、これは神が降臨するときだけ、臨時に屋を建てる。伊勢神宮がいまだにその名残りをとどめておりまして、二〇年おきに遷宮され、つくりかえられていることは、さきほどのべたとおりです。

三番目は磐座《いわくら》型です。これは神が降臨する依代であるたんなる場でしかない。しかし岩でできているから動かない。耐久的な場です。とどうじに、またそこから、さらに常世へ飛んでゆく発射台みたいなものです。セイファウタキもそうですし、海の正倉院といわれている玄界灘の沖の島などに岩陰祭祀がたくさんありますけれども、ああいったものもみなそうであります*。

こういうふうに日本の神社は、御屋型、屋代型、磐座型に分けられますが、もう一つかんがえられるのです。それはもっと原始的な段階といえるものです。これを神籬《ひもろぎ》型と呼んでみたらどうか、とおもうのです。ヒモロギにかんしてはいろいろな説がありますが、いまここでは「聖なる森」というふうに、解しておきます。するとこれは森全体が神の依代である。あるいは、あの世とかこの世とかいうのでなく、それらがいまだ未分化な状態で、自然全体を聖なるものとして尊んだプレ・アニミズムの世界です。そういうものがもう一つある。わたしたちの文化をさかのぼっていくと、最終的には自然をぜんぶ神と見た、という意識に到達する。それがだんだん変化していって、自然のシンボルとしてのイワクラになり、形而上的な神の依代としての社になり、宮になり、神社になり……というふうに変わってまいります。けれども、それは自然信仰の、あるいはアニミズム信仰のシンボライズされたものの変遷のプロセスとわたしはかんがえております。

こういう構造をもった日本のヤシロは、したがってわたしたち日本人の意識のなかに非常に深くくいいっている、とおもうのです。わたしたちは西洋人のように、古典を絶対とする思想でなくて、

＊　拙稿「前掲論文その５・６」

この世界を絶えず移りゆくものととらえます。わたしたち自身も移りゆくものと、かんがえております。キリスト教のように千年王国の思想、つまり千年たったら絶対的な神の王国が生まれる、という思想はありません。そのときに復活して、以後、永遠の世界が展開する、という意識はあまりない。

わたしたちにあるのは、絶えざる道行の思想であります。したがって日本人の文化には、古典というものはなくて、そのときそのとき現れるいろいろな流行、「不易流行」ということを芭蕉はいいましたけれども、その流行のなかに身をおくこと自身に、日本人の生き方の意味がある、とおもっております。

哲学へ

さて、わたしが申しあげたいことは、日本文化において、自然保護と空間創造というものが、お互いにもちつもたれつという関係にあって、そうやって生き残ってきているものの一つが、鎮守の森である。鎮守の森をもういちどかんがえてみますと、まず森があります。そのなかに社があります。そして社という建築のなかに、聖なるものとして、通常、鏡があります。その聖なるものがあることによって、それを囲む森が聖なる森という意味をもってくる。いっぽう、神社、社殿はたんなる箱にしかすぎない。その箱は森によって守られる、という関係です。しかしその聖なるものは、けっきょく、道行としてとらえられるもの、その地点から、はるかにずっとどこかにつながっていくもので、鏡はそのシンボル、あるいは「参道」の一部にしかすぎません。

そのようにかんがえますと、これからのわれわれの生活空間づくりをどのようにかんがえていったらいいか。わたしは神道をもういちどかんがえなおせと申しあげているのではけっしてありません。神道は悪用されたこともありますけれども、もう一定の役割を果たしたとおもっています。そうではなくて、現代において必要なものは、自然保護と空間創造という、一見、相対立するようなものを統合する哲学をもつことです。それをもとうとするときに、この鎮守の森が意味をもってくる、ということです。

しかし現在において、この自然と人工という問題をかんがえると、人工の力のほうが強くて、自然は、ほっとくとどうしようもないわけです。そこで、よりよく生きるということは、よりよい自然がなければ生きられない、ということの原理・哲学をどう構築するか、ということにかかってきます。

その例として、わたしは鎮守の森の原型にある思想の話をのべたのですが、そのことがはっきりしないと、自然保護運動は進まない、とおもっております。専門家のあいだでは、一般に自然保護に賛成という方がたが多いのですが、一般庶民の目から見れば、自然保護の演説をぶった人が、また自動車の排気ガスをふりまきながら次の会場へいって自然保護の講演をなさる、とみていますから、現在の社会の便利さのうえにたって、自然保護だけを論じてみても、説得性がありません。あるいは、都会の人が自然保護を論じてみても、田舎の人はあまり聞いてくれない、という問題があります。

そういうふうに、問題を観念的に提出しますと、あまり説得性のない議論になります。またつきつめてかんがえてみても、自然は保護しないかぎり、いまやそれ自身、もたない状態にあります。これを保護することの価値をどこにおくか、ということは、わたしは哲学の問題だとかんがえております。

人間の精神の危機

わたしは、現代において、そういう意味で、聖なるものとは何か、ということをもういちどかんがえてみる必要がある、とおもいます。現代文明の価値以外の価値——それは何であるか、ということです。その一つについて、かんがえているところをのべてみたいとおもいます。

世界をみますと、戦争、軍拡、原水爆、資源の問題、開発途上国の将来、その他の政治的な問題がいっぱいあります。幸いなことに、日本は、比較的そういう世界のさまざまな問題から、やや遠ざかった島国であるがゆえに、しかも高度経済成長をあるていど達成したがゆえに、わりとのんびりと暮しております。そのわたしたちにどういう問題があるかというと、かんたんにいえば、人口の多さの問題であり、都市化の問題である。そのなかでいちばん大きな問題としては人間の問題、もう少し具体的にいえば、人間環境と人間の寿命や健康の問題であり、あるいは人間の活動の問題であり、生きる希望の問題であり、人間自身の問題である、とおもっております。つまり、希望の喪失が病気につながる。

といいますのは、たとえば、現代の医学は、結核のような細菌性のものと、外科的なものとは治療できる。骨折を治し、腫瘍を切開できる。癌もあるていど外科的なものとして、あるいはヴィールス性のものとして、早期予防が進む。ただ、現在救えないものは、ほとんどが心因性の病気です。たとえば胃潰瘍、高血圧、ぜん息、うつ病、不眠症、ノイローゼ、いっぱいあります。これは、ある県の人事課長の話ですけれども、県の人事管理で、いちばん何が問題かというと、うつ病対策だそうです。それはものすごい数にのぼっている。潜在的に非常に多い。不眠を訴える。それから何日か休む。そのうちにでてこなくなる。自殺。こういったケースがたいへん多いわけです。官庁や企業の人事課としては、一時、労働組合対策が最重要課題だったのですが、いまはうつ病対策が中心になっている。

これはいったいどういうことか。人間は希望があってこそ生きられるので、希望を失ったら生きられない。人間の体はそういう希望をもつことによって、自律神経をふくむすべての器官が微妙に働いているのであって、希望がなくなると、自律神経が変調をきたし、身体がめちゃめちゃになってしまう。

いまの医学は、動物医学、動物実験のうえに成立していて、それを人間に適用する。細菌などを、まずモルモットに注射して、それにたいする薬を作って注射し、それで大丈夫なら人間にも適用する。ぜんぶ「動物医学」である。しかし、動物は高血圧やノイローゼ、うつ病、不眠症などはほとんどなくて、それらは人間固有の病気、現代社会が生みだした社会的な病気である。しかもそれは、たんなる病気というよりも、慢性化してすべての人間にひろがりつつある。これは「動物医学」である現代の医学ではなおせない。

つまり、これらはすべて心因性のものであって、かんたんにいえば、すべて自律神経の失調からおきる問題である。ふつう、人間の意識や感覚は、ぜんぶ外へ外へと動いていく。たとえば、危険を回避する、危険にたいして抵抗する。服を着るのも、寒さという危険にたいして、保護するという回避の物的行動なのです。しかし、それだけでは、現代の高密度な社会生活に対応するにはだめなのであって、意識や衝動を内へ向ける、という精神的なこともかんがえなければならない。

たとえば、禅とかヨガとかを修業した人たち、精神を集中して悟りを開くことのできるような境地の人たちは、世のなかが非常にさわやかにみえて、心を迷わすことなく、長生きするわけです。心身ともに安定してくる。高密度な社会の人間関係のなかで悩んでいる多くの都市人は、これからそういう方向をも考慮しなければならない。意識を外界に向け、ほかの人間との差を意識するということを止める。あいつはこれだけもうけている、おれはもうからない、あるいは、あいつが偉くなっておれは偉くならない、という差だけを意識する、ということではなくて、もっと心を内へ、自己自身へ向けることが大切だ、というわけです。極端にいえば、悟りへの道です。

しかし、人は誰しもかんたんに悟るわけにはいきませんが、少なくともそういうことのできそうな場所が、わたしたちの生活のなかになければならないのではないか。このような人間の精神の危機ということが、医学的にいわれだすようになってきていますが、そのことが、どうじに、現代都市の問題です。

そういう意味で、現代科学は、医学も、建築学も、造園学も、社会学も、政治学もばらばらになっておりますけれども、そういうものを統合したところの哲学の不在、いわば、現代人のおかれている状況の危機的な問題を原理的にどう解くか、ということの欠如が、いちばん問題であろうとおもいます。

その一つの現われとして、心を内に向けるような場所が、現代都市のなかにない。これは一つは空間のあり方の問題、一つは建築技術の方法の問題である、とわたしはおもいます。

そういった問題をふくめて、わたしたち自身が精神的に安定をとりもどし、心のゆとりをとりもどすような、そういうものをつくっていくこと、たとえばその一つとして、鎮守の森を守り育てていく、ということのなかに、自然保護と空間創造の問題が位置づけられるのではないか、とおもっております。

鎮守の森を保存し修景する、ということは、物質的には、そこにある緑や空間を通じて、わたしたちの生活環境をよりよくたもつ、ということにありますが、それとどうじに、精神的には、いまのべてきたように、心のゆとりをとりもどす場であり、思索する空間であり、現代人に失われてしまった哲学を回復する契機をあたえる場所である。

二〇世紀後半において、わたしたちは物質的なものをさかんに追求してきたが、来るべき二一世紀においては、精神的なもの、文化的なものが問われるだろう、とみられるときにあたって、わたしたちの身近にある鎮守の森を保存修景することは、新しい時代をきりひらく町づくりであるとともに、そのような精神や文化を恢復する運動のシンボルになるであろう、とおもわれるのです。

#［II］鎮守の森とは何か

鎮守の森とは何か

鎮守の森とは、通常、「その土地の守護神をまつった神社を取り囲む木立ち、または木立ちに囲まれた社域全体」（『日本国語大辞典』）と解される。ここでとうぜんながら「木立ち」と「木立ちに囲まれた社域全体」とでは、その意味するところは違う。これはいったいどういうことだろうか。

鎮守あるいは鎮守の神ということばは、古くからあったであろう。たとえば、一六九九年（元禄一二年）ごろに書かれた神道関係の解説書に、

鎮守の社《やしろ》　境内に神社を祭て、其所《そのところの》鎮守の神となす。――神道名目類聚鈔

というのがある。

しかし、鎮守の森ということばは、古い文献にはなかなか出てこない。そのことばが一般の文章の上にあらわれてくるのは比較的新しく、たとえば、昭和になってようやく自然主義作家・島崎藤村の「こんもりと茂った鎮守の杜《もり》」（『夜明け前』）などという表現が現われてくるのである。

ここで、杜《もり》ということばに注意する必要がある。もともとはヤマナシのような木の名であった杜《と》ということばを杜《もり》とよませるときには、とりわけ「樹木の茂った神社など神聖な霊域」（『岩波古語辞典』）の意にもちいられる。

モリというのは、もと「神の降臨する場」を意味した。それは朝鮮語の mori（山）と同源なの

である。いまでこそ、神社というとわたしたちはすぐ社殿を想像しがちであるが、古い神社は社《やしろ》＝屋代《やしろ》ということばがしめすように「神の降臨の場」であり、あるいは「そのときに建てられる社殿の敷地」を意味した。

木綿《ゆふ》懸けて斎《いつ》くこの神社《もり》超えぬべく　念《おも》ほゆるかも恋の繁きに――万葉集巻七

という歌にもあるように、古くは神社や社のことをモリと読ませていたのである。

したがって、冒頭のことばの解釈のように、鎮守の森は、「木立ち」であるとどうじに「木立ちに囲まれた社域全体」でもあるのだ。むしろ後者のほうが、本来の意味だったといっていいものである。

さて、つぎに「その土地の守護神をまつった」ということばの意味をかんがえてみる必要があろう。

神社の性格には、大きくいって自然神、血縁神、地縁神、職業神などがある。そういう分類からみれば、「土地の守護神」というのは地縁神とかんがえられがちである。しかし日本史学者の上田正昭が「鎮守の森と共同体とのつながりがはっきりしてくる明確な時期の一つは、南北朝の時代だろう。個人の神というのはむしろ新しいのであって、本来の日本の神の性格は、血縁神でも、地縁神でも、職業神でも、自然神でも、共同体や氏族の神という性格がつよい」というように、南北朝ごろから、たとえその神社の祭神の性格がなんであれ、一般に地域共同体の守護神的性格がつよく付与されていくようである。それには、日本の村落共同体の成立ということが、大きなモメントとなっている。

したがって、そのような地域共同体というものが、日本社会に制度的にも明確な意味をもっていた明治維新前までの神社は、ほとんどすべてが「土地の守護神」的性格を付与されていたのであり、その意味で、国家神道を背景にして明治以後につくられた新しい神社を除くほとんどすべての神社は、鎮守の森とかんがえてよい性格をもっているとおもわれるのである。

ところで、明治は、それまで一〇〇〇年余りにわたって日本社会に支配的だった仏教を、排仏棄釈という形で排除して、ふたたび神祇信仰をおこしたが、しかしそれは、地域共同体に基礎をおく従来の民間神道ではなく、天皇制支配を構造づける国家神道であった。そのことが神社自身のうえにも如実にあらわれてきたのが、一九〇六年(明治三九年)の「神社合祀令」である。これは一八八九年(明治二二年)に施行された新しい市町村制の上にたって、全国一九万の神社を一町村一神社に統合しようというもので、樹木伐採、農地開発、それによって得られた金による神官や氏子総代などの経済的な安定という経済的な理由のほかに、それまでの日本社会の基底を形づくっていた自然村などの地域共同体をつぶすこともその狙いのうちにふくまれていた、とおもわれる。これにたいして、投獄の憂き目にあいながらも、民間人で徹底抗戦したのが人類学者の南方熊楠《みなかたくまぐす》であった。かれの長年月にわたる言論活動によって、その一四年後に「神社合併無益」が衆議院で決議され、合祀は沙汰止みとなった。しかし、その間に一九万あった神社が一一万まで減らされてしまったのである。それだけ、鎮守の森もまた姿を消したことはいうまでもない。

このときに、南方が「神社合併反対意見」として張った論陣を、八〇年後の今日、いまいちどふりかえってみるのも無益ではない。それによって、地域共同体の核としての神社すなわち鎮守の森の日本社会における実像が浮びあがってくる、とおもわれるからである。

まず第一に、南方は「合祀により敬神思想を高めたりとは、地方官公吏の報告書に誑《たぶら》かさるるのはなはだしきものなり」という。たとえば、
毎大字の神社は、大いに社交を助け、祭日には用談も方《かた》つき、麁縁《そえん》なりし輩も和睦したること、例乏しからず。また毎宵青年が順番に建燈に趣く等の良風もありたり。合祀後、往復一里乃至《ないし》十里も歩まずば参り得ざる処すらありて、ために老少、婦女、貧人は敬神の実を挙げ得ず……。

第二に、「合祀は人民の融和を妨げ、自治機関の運用を阻害す」それが問題だとして、つぎのような例をあげる。

御坊《ごぼう》町に近隣大字の蛭子《えびす》の社を合せしより、漁民大いに怒り、一昨夏祭日に他大字民と大争闘し、警官の力及ばず、八人ばかり入獄せり。漁夫は命懸けの営業をなす者ゆえ、信神の念はなはだ堅く、不断蛭子に漁獲を祈り、漁に出る時、獲物ある時、必ずこれに祈願報賽し、海に人の墜落すれば祓除《ふつじょ》し、不成功なるごとに謝罪す。姦通すれば神怒に触れ、虚言吐かば漁利なしと心得、ひたすら蛭子の冥罰を畏る。かかる漁夫より漁の神を奪い、猟師に山神を祭るを禁ずるは、断じて民を安んずるの道にあらじ。

そして第三に、「合祀は地方を衰微せしむ」とかれは主張する。それはまさに荘子の主張そのものである。

およそ神林の木は、もと材用のために培養せられず、故に材としては価格すこぶる低廉なり。神林ことごとくを伐るも、規定の基本金はできず。神殿に小破損あるごとに、神林の木を伐りてそ

の用を便ぜしものを、一度に伐りおわりて市場に出すも一向に売れず、空しく白蟻を肥やして益なきところ多し。金銭のみが財産にあらず。神林も社地も財産なり。地震、失火の際、神林によって生命、金銭を保安せる例多し。民の信念薄らぎ、恒心亡失せば、神社の基本金は積みて山を成すとも、いたずらに姦悪を助長するのみ。事の末たる金銭のみを標準とし、千百年来信仰の中心たりし神社を滅却するは地方衰頽の基なり。

四番目にかれはこういう。「合祀は庶民の慰安を奪い、人情を薄くし、風俗を乱す」と。とくに「神社は建築より神林を重要とする」のに、その神林が伐られて安普請の建築が建つことに、深い憤りを発するのである。

建築宏大に、国亡びて後までも伝わるほどのものなきは真の開化国ならず、と説きし人あり。笑うべき愚論なり。エジプト、バビロン、空しく建築のみ残りて国亡びなんに、何ごとを誇り楽しむべき。わが邦の神社建築は宏壮ならず耐久せざる代りに、多くは神林を具し、希代の老大樹、また他に見るべからざる珍生物多し。

ところが、そのような神林が皆伐される。そしてそのあとにできるものはなにか。

合祀の結果二、三千円も無理算段して、立派になりしという社を見るに、神林の蓊鬱《おううつ》たるものもなければ、古えを忍び、稜威を仰ぐという感念《ママ》毛頭起こらず。ブリキ板の屋根、石油の燈明で俗化し尽し、古代の石燈籠、手水鉢は亡われ、古名筆の絵馬は売り飛ばされて、代りに娼妓の石版画を掲ぐ。外国人が目には、かの国公園内の雪隠ほどの詰まらぬ建築ゆえ、自国で広重の神社の絵を眺むるをよろしとし、二度と来たらず。事々物々西洋化し往く日本に、神社までも間《あい》の子《こ》設備と化し行くは、月の洩るるを賞翫せる不破の関屋を葺き直したるより以上の拙策なり。さて合祀のため、十社、二十社、眼白鳥《めじろ》が押し合うごとく詰め込まれて、境内も狭くなり、有難《ありがた》さなし。小山健三氏は、日本人の最も快活なる一事は、休日、古社殿前に立ちて精神を澄ますにあり、と言いしとか。これ合祀後の混成神社に望むべきにあらず。

つづいて五番目に「合祀は愛郷心を損ず」という。神社には土地と密接な関係があるのである。

古来神社はみな土地と関係あり、合祀しおわればすなわち土地と関係なき無意味のものとなる。人民が参拝せぬももっともなり。紀州人は多く古来海外に出稼ぎをなし、国元へ送金するに必ずその一部分を産土神に献ぜんことを托し、あるいは異邦珍奇の物を献じ、故郷を慕うの意を表すなど聞くも、心の清々しきを覚ゆるほどなり。西牟婁郡朝来《あっそ》村には立派な古社三ありしを、五千円の基本金もて脅し、ことごとく伐材し、路傍に憩うべき樹蔭皆無となり、その神体をわずかに残れる最劣等の社に抛り込み、全村無神となり、祭祀も中止せるゆえ、他地方に奉公等に出でたる子女輩、何の面白味もなしとて帰村せずという。

南方が六番目にあげるのは「合祀は土地の治安と利益に大害あり」ということだ。それについて多くの実例をあげる。その二、三につぎのようなものがある。

本邦毎大字の神林は、欧米の高塔と同じく、村落の目標となる大功あり、と言えり。漁夫など山頂また神林の木を目標として航海し、難船また洪水に、神林目的に游《およ》ぎ助かり、大水の後、神林を標準として境界を定むる例多し。

たしかに、こんもりと茂った鎮守の森は、いまも地域の大切なランドマークである。それに、予在欧の日、イタリアの貧民、燕を釣り食用とし、ために仏国に来る燕少なく、蚊多くなり、熱病を瀰漫《びまん》すとて、イタリア政府へ抗議せしことあり。また紀州の神林には、古来蟻吸《ありすい》という鳥多く住したり。台湾の鯪鯉《せんざんこう》、南米の食蟻獣《ありくい》のごとく、長舌に粘涎あり、白蟻、蟻等を不断に吮《す》い食らう。一年に二十ばかり産卵し、繁殖力強きものなるも、近来白蟻の勢力とみに盛んにて、和歌山城や紀三井寺もその害に遇うに至れるは、神林の濫伐しきりなるより、かかる有益鳥多く渡来せざるによるかと思う。

すぐれた動物学者でもあった南方としては、鎮守の森が伐られて、野鳥のすみかが奪われることにもっとも心を痛めたのである。南方がそもそも「神社合祀令」の反対にのりだしたのは、このようなかれ自身の学問研究の対象が脅かされるということが直接の動機だった、といってもいいくらいだ。

そのことは、つぎのそして最後の「合祀は勝景史蹟と古伝を湮滅《いんめつ》す」という理由のなかにもっともはっきりとしめされる。まず、神社がはたす景観の役割についてのべる。

在来の神社は、多く大字中眺望最佳の地にあれば、宗教心と風流を養うに一挙両得なり、滅却し去るべからず。ついでに言う。近時、神社は欧米の公園に匹敵すべきものなりと聞き、神林を濫伐し、社後の山を開き、遊宴婬蕩の地と化し去る風盛んなり。こは欧米にも天然風景の公園を最も貴ぶを知らず、公園とは必ず浅草公園のごとき雑閙《ざつとう》群集するものと心得違いたるに出づ。

さらに、さまざまの植物標本が失われてゆくことを、多くの例をあげて語る。

神社の傍なる大木のタブの木に、年々三十種ばかりの粘菌を生じ、その一は世界にここのみに生ぜし珍種なり。粘菌は原形質非常に大きく発生すれば、生死、蕃殖、間種等、学術上の大問題を研究するに足る。かかる研究には幾多の歳月を要し、ようやく成るものにて、日光の徹る時間短く、万事の便宜乏しき山間にては行ない得ず、平地にて便宜多き神林あって始めて行ない得るものなるに、そのタブの木、図のごとく伐株のみ留むるに至りしは残念至極……。

というように、図を添えて説明する。さらにさまざまな古文書類がある。

むやみに神社を合併してその跡を滅却し、また神教興隆のためとて、本来世襲の神職を罷《や》め、地方の官吏上りなどをこれに換え、多数の神社を兼務せしむるより、古蹟亡失、古文書、什宝、精査を経ぬうちに散佚する例すこぶる多く、わが邦が古いというのみ、古い証拠が陸続失せ去る。

そこで、南方が説くところは、民俗学の重要性である。

『六国史』は帝室の記録ゆえ、帝室に関することのみくわしくて、下民一汎の事歴は略せり。これを明らむるは、地方の風俗、習慣、童謡、俚話、児戯、隠語、ことには神社の古建築、古器物、古式旧規等、今に残れるを見て甫《はじ》めてなすを得べし。

フィールド学者・南方の悲憤やるかたなき怒りは、最後のつぎの一文に叩きつけられる。

土中より炭一片を得るも、考古学上の大発見の端をこれに発し、種々貴重の研究を完成し得ること多し。しかるに無知我慾の姦民ども、非似《えせ》神主の腹を肥やさんため、神林は伐られ、社趾は勝手に掘らるるより、国宝ともなるべき珍品、貴什が絶えず失われ、たまたまその心得ある人の手に落つるも出所不明、したがって学術上何の効果なし。

南方が「神社合祀令」に反対の論陣をはって鎮守の森の保存を訴えてから八〇年後の今日、鎮守の森はいったいどういう状況にあるのか。

環境庁の一九七八、九年の調査によると、現存する日本の照葉樹林群落の七四パーセントは社寺林である、といわれる。もはやかつて西日本一帯をおおった照葉樹林は、社寺にしかのこっていないのだ。

しかし高度経済成長の「開発」ムードのなかで、それら社寺林すらどんどん失なわれていっている。その激しさはかつての「神社合祀令」の再現であり、あるいはそれ以上である。すくなくとも、わたしが大阪市の区画整理地でみたものは、このような鎮守の森の全滅とでも形容すべきものであった。

そこで、一九八〇年代という時点における日本の国土における鎮守の森の生態を、しかと見届けておく必要がある、ということから、以下に報告するような調査が始められたのである。なお調査は、大阪大学鎮守の森保存修景研究会が昭和五六（一九八一）年九月に滋賀県の委託をうけて、その全域を対象に、同年九月から一二月にかけておこなわれたものである。ほかに、大学の自主研究としておこなわれた名古屋市での鎮守の森の調査をふくんでいる。

地域的分布

1　神社の分布と量

滋賀県内に分布する神社を、国土地理院発行の五万分の一の地形図より拾い出してみると、図1に示すとおりである。全県で一、二四六社、各市町村別では表1に示すとおりである。

なお、地形図には小規模な神社は記載されていないため、一、二四六カ所は正確な数字ではない(県下の市街地地域を除く農山村地域での神社を市町村発行の一万分の一の地図から拾い出すと、一、三六二社という数値がある)。全体的な分布状況をみると、湖北地域の分布密度の高いことがわかる。この傾向は式内社の分布状況にもあてはまる。

2　式内社の分布

平安時代の近江の神社分布を知る文献には「延喜式」がある。いわゆる式内社であるが、全国で二、八六一所三、一三二社あるといわれている。そのうち近江の式内社は一四三所一五五座ある。当時の一国の平均が四五社五〇座であることからいうとたいへん多い。大和・伊勢・出雲についで近江が全国第四位である。このことは近江が近畿の古国である証拠ともいえよう。

郡別にみると、浅井・伊香郡の湖北と湖西の高島郡が群を抜いて多い。

郡	市町村	神社数
伊香郡	余呉町	二九（社）
伊香郡	西浅井町	一八
伊香郡	木ノ本町	二七
伊香郡	高月町	二八
伊香郡	浅井町	五六
伊香郡	（計）	一五八
坂田郡	伊吹町	一九
坂田郡	山東町	四三
坂田郡	近江町	一五
坂田郡	米原町	一八
坂田郡	（計）	九五
東浅井郡	湖北町	三九
東浅井郡	虎姫町	一二
東浅井郡	びわ町	二七
東浅井郡	（計）	七八
	長浜市	七一
	彦根市	六一
高島郡	マキノ町	一四
高島郡	今津町	二四
高島郡	新旭町	二三
高島郡	安曇川町	二二
高島郡	朽木村	一九
高島郡	高島町	一七
高島郡	（計）	一一九
	滋賀郡志賀町	一二
犬上郡	豊郷町	七
犬上郡	甲良町	九
犬上郡	多賀町	二八
犬上郡	（計）	四四
	大津市	九〇
愛知郡	秦荘町	一二
愛知郡	愛知川町	一〇
愛知郡	湖東町	一二
愛知郡	愛東町	一二
愛知郡	（計）	四六
神崎郡	能登川町	二三
神崎郡	五個荘町	一九
神崎郡	永源寺町	一九
神崎郡	（計）	六一
	近江八幡市	四七
	八日市市	三七
蒲生郡	安土町	一一
蒲生郡	竜王町	一二
蒲生郡	蒲生町	二五
蒲生郡	日野町	三九
蒲生郡	（計）	八七
甲賀郡	石部町	一三
甲賀郡	甲西町	一五
甲賀郡	水口町	三三
甲賀郡	甲南町	一一
甲賀郡	甲賀町	九
甲賀郡	土山町	一五
甲賀郡	信楽町	二二
甲賀郡	（計）	一一八
野洲郡	中主町	一三
野洲郡	野洲町	一五
野洲郡	（計）	二八
	栗太郡栗東町	三二
	守山市	三一
	草津市	三一
	合計	一二四六

表1　市町村別郡別神社数（この表は国土地理院発行1/50,000地形図より拾い出してある）

郡別に記すと、

高島郡三一所三四座　大二座　小三二座
伊香郡四五所四六座　大一座　小四五座
浅井郡一三所一四座　並　小一四座
坂田郡五所五座　並　小五座
犬上郡五所七座　並　小七座
愛知郡二所三座　並　小三座
神崎郡二所二座　並　小二座
蒲生郡一〇所一一座　大一座　小一〇座
野洲郡八所九座　大二座　小七座
甲賀郡六所八座　大二座　小六座
栗太郡八所八座　大二座　小六座
滋賀郡八所八座　大三座　小五座

3　神社の規模・旧社格

次に、神社の敷地面積をみると、表2に示されるように、〇・五〜一ヘクタールのものが二五七社（三二・九パーセント）、

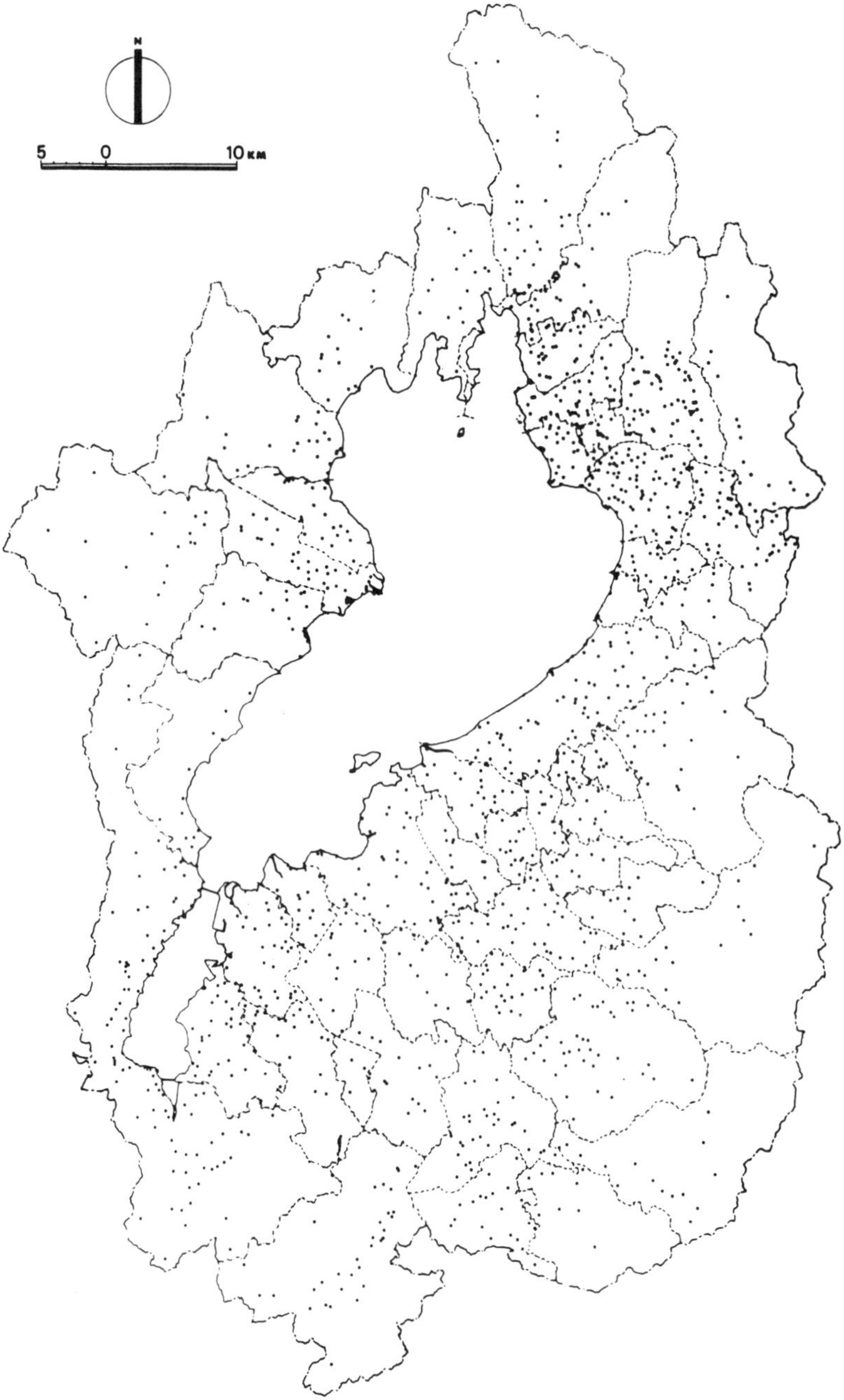

図１　滋賀県における神社の分布（国土地理院発行の1/50,000地形図より作図）

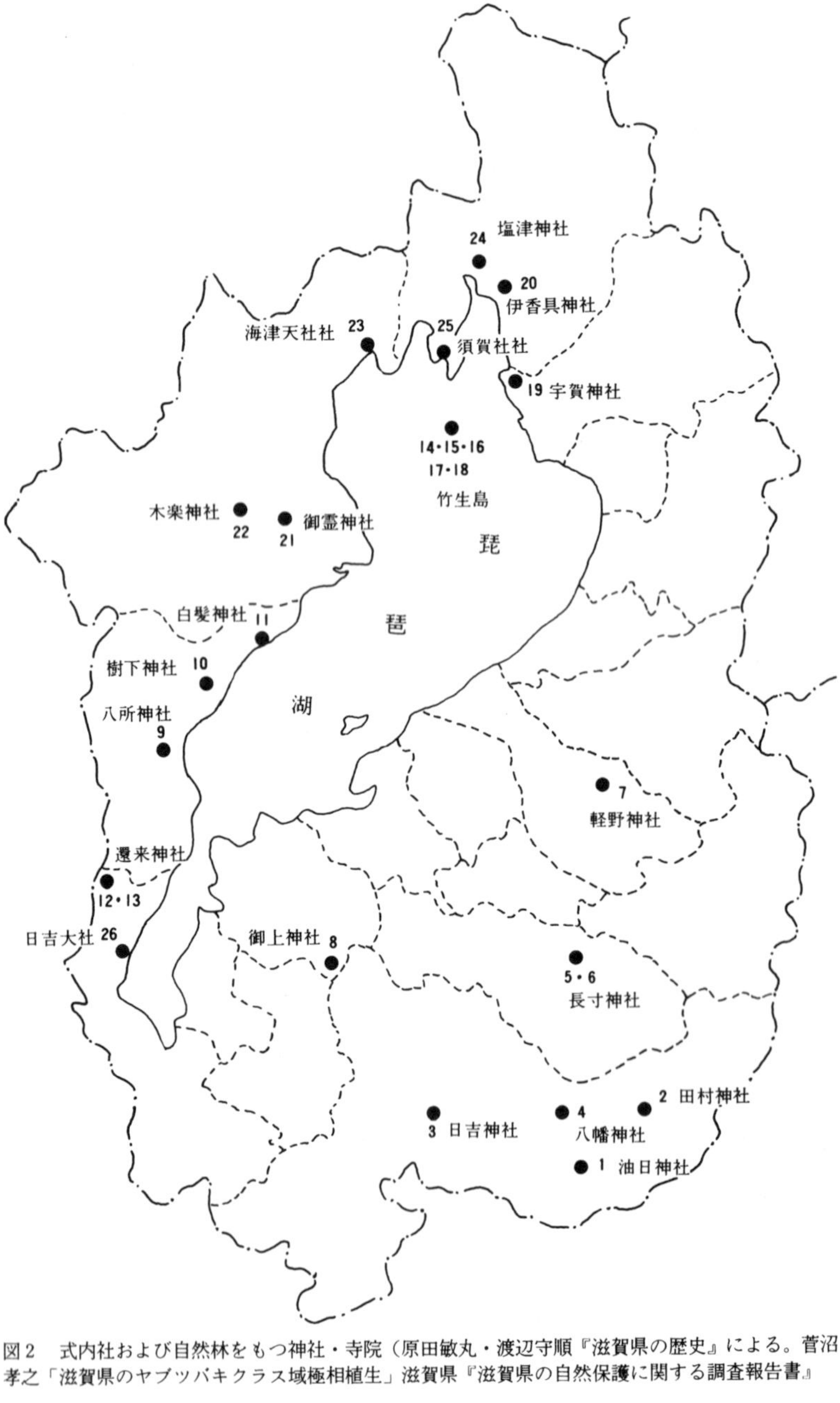

図2　式内社および自然林をもつ神社・寺院（原田敏丸・渡辺守順『滋賀県の歴史』による。菅沼孝之「滋賀県のヤブツバキクラス域極相植生」滋賀県『滋賀県の自然保護に関する調査報告書』

社　　格	社　　数
村　　社	692
郷　　社	55
縣　　社	28
官幣大社	2
無 格 社	3
計	780

表3　旧社格別神社数

規　　模	社　　数	%
5 ha 以 上	11	1.4
3 ～ 5 ha	11	1.4
1 ～ 3 〃	150	19.2
0.5 ～ 1 〃	257	32.9
0.25 ～ 0.5 〃	224	28.6
0.1 ～ 0.25 〃	106	13.6
0.1 ha 未 満	23	2.9
計	782	100.0

表2　境内規模別神社数

ついで〇・二五～〇・五ヘクタールのもの二二四社（二八・六パーセント）、一～三ヘクタールのもの一五〇社（一九・二パーセント）の順となっている。社格別にみると、表3に示されるように、村社が最も多く（六九二社、八九パーセント）、ついで郷社（五五社、七パーセント）、県社（二八社、四パーセント）の順となっている。

なお、以上は国土地理院の地形図（五万分の一）から拾い出した神社について規模および社格が判明した約七八〇社についての傾向である。

4　自然林をもつ神社

次に、神社に伴う鎮守の森のうち、自然林で構成されるものは表4、図2に整理したように約二八社である。しかし、完全な自然林でなく断片的に自然林の要素をもっている鎮守の森は相当多いとかんがえられる。

図面番号	社寺名（地名）	所在地	海抜高（m）	草本層を除く各階層の優占種*
1	油日神社	甲賀郡甲賀町稲葉	250	ヒノキ―ヤブツバキ―ヤブツバキ
2	田村神社	甲賀郡土山町北土山	260	ヒノキ―ウラジロガシ―アオイ
3	日吉神社	甲賀郡水口町三大寺	200	ヒノキ―ツクバネガシ―ヤブツバキ
4	八幡神社	甲賀郡土山町和野	200	ヒノキ―アラカシ―コジイ
5	長寸神社	蒲生郡日野町中之郷	190	アラカシ―ヤブツバキ―ヤブツバキ
6	長寸神社	蒲生郡日野町中之郷	190	ツクバネガシ―カナメモチ―シキミ
7	軽野神社	愛知郡秦庄町軽野	115	スダジイ―サカキ―スダジイ
8	御上神社	野洲郡野洲町三上	105	ヒノキ―サカキ―ユズリハ
9	八所神社	滋賀郡志賀町南船路	98	タブ―コジイ―コジイ
10	樹下神社	滋賀郡志賀町北小松	100	スダジイ―（ヒノキ）―サカキ
11	白鬚神社	高島郡高島町鵜川	130	スダジイ―（――）―サカキ
12	還来神社	大津市途中町	240	コジイ―コジイ―コジイ
13	還来神社	大津市途中町	260	モミ―コジイ―コジイ
14	竹生島	東浅井郡びわ町	190	タブ―イロハモミジ―チマキザサ
15	竹生島	東浅井郡びわ町	185	タブ―（スギ）―チマキザサ
16	竹生島	東浅井郡びわ町	170	タブ―ヤブツバキ―アオキ
17	竹生島	東浅井郡びわ町	160	タブ―シロダモ―チマキザサ
18	竹生島	東浅井郡びわ町	160	タブ―モチノキ―チマキザサ
19	宇賀神社	東浅井郡湖北町津里	100	タブ―タブ―アオキ
20	伊香具神社	伊賀郡木ノ本町大音	140	シラカシ―サカキ―アオキ
21	御霊神社	高島郡安曇川町南古賀	130	コジイ―ヤブツバキ―ヤブツバキ
22	櫟神社	高島郡安曇川町中野	240	コジイ―サカキ―コジイ
23	海津天神社	高島郡マキノ町海津	100	コジイ―サカキ―サカキ
24	塩津神社	伊賀郡西浅井町塩津浜	100	コジイ―サカキ―アオキ
25	須賀神社	伊賀郡西浅井町菅浦	140	タブ―ヤブツバキ―ヤブニッケイ
26	日吉大社	大津市坂本本町	170	アカマツ―タブ―アオキ

「滋賀県のヤブツバキクラス域極相植生」菅沼孝之：1972滋賀県の自然保護に関する調査報告書滋賀県より。

表4　自然林をもつ鎮守
菅沼孝之　前掲書より

＊優占度の低い層は（　）で示した

集落との関係

1　はじめに

鎮守の森としての神社の保全によって、地域社会としての都市および農村の活性化と整備をすすめる必要がある。したがって、集落と神社との空間的関係について、滋賀県下全体の傾向を概観しておくことは、保存修景が地域社会にもたらすメリットを明らかにし、具体的な計画を立案していくうえにも有効であるとかんがえられる。

2　集落空間と神社

集落と神社の空間的関係を検討するために、滋賀県内で抽出された事例集落は一、〇六二地区、神社数は一、三六二社である。これは、滋賀県内各市町村発行の縮尺一万分の一地形図から、集落空間として一定の空間的まとまり（一体感）を有する区域を抽出したもので、集落域内に神社を有しない集落や、都市的集落は除外している。

滋賀県は近江盆地という一つのまとまった地形の中にあり、琵琶湖をとりまく環状の形をしている。したがって、県域を湖岸線に直交する方向に切る断面を考えると、地形的には湖、平地、山という構成になっているのが特徴である。ここで集落立地の分類として、湖岸立地型、平地立地型、

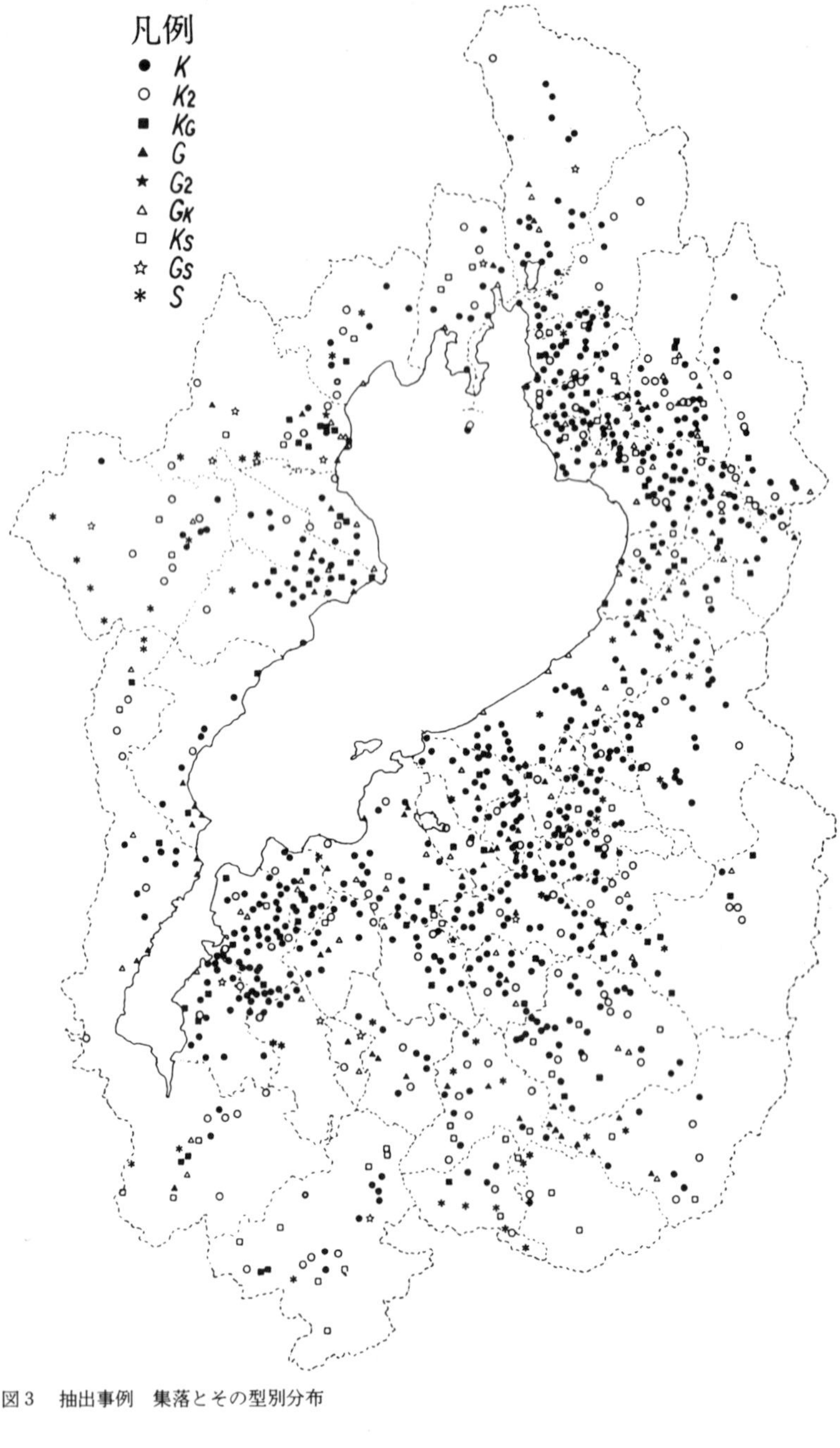

図３　抽出事例　集落とその型別分布

山麓立地型、山間立地型の四つを考える（図４）。さらに、集落空間を含めた鎮守の森の保存修景を考えるために、集落空間についての検討も必要である。集落はその平面形態のみに着目すると、大きくは、塊村状の集落、街村状の集落、散村状の集落に分けられる。さらに集落の発達状態、家屋の分布状態などを考慮すると表５のような九つの型に分類される。これらの集落形態別の分布では、塊村状の集落が非常に多いことが図３よりわかる。

さて、このような集落の立地や形態に関する滋賀県内での傾向をふまえて、集落と神社の位置関

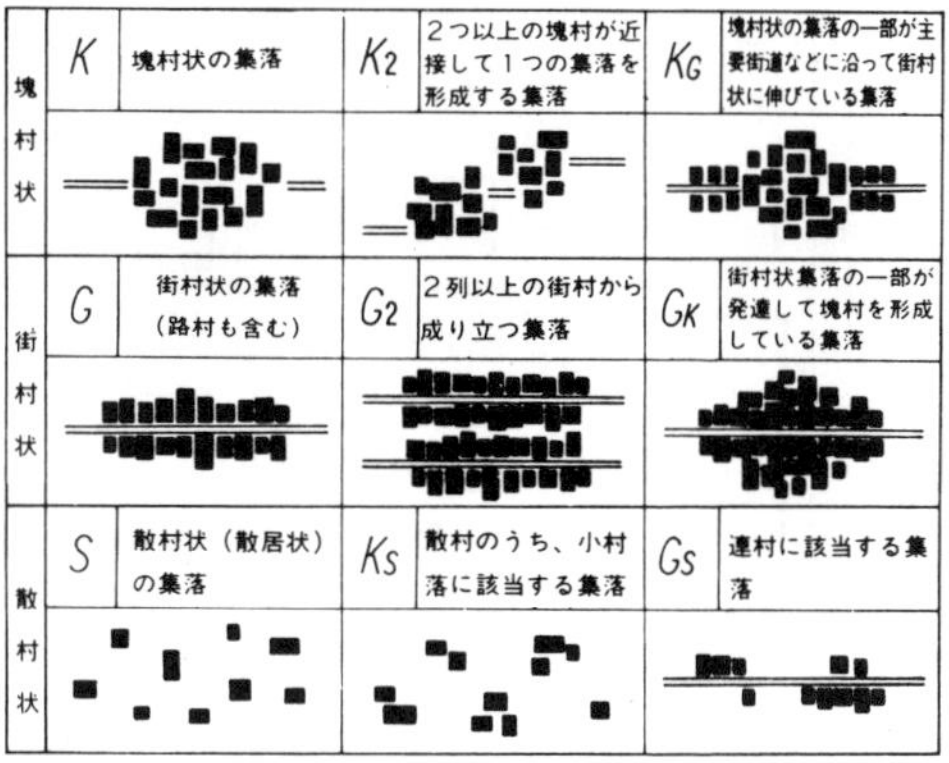

表５　集落の形態による分類

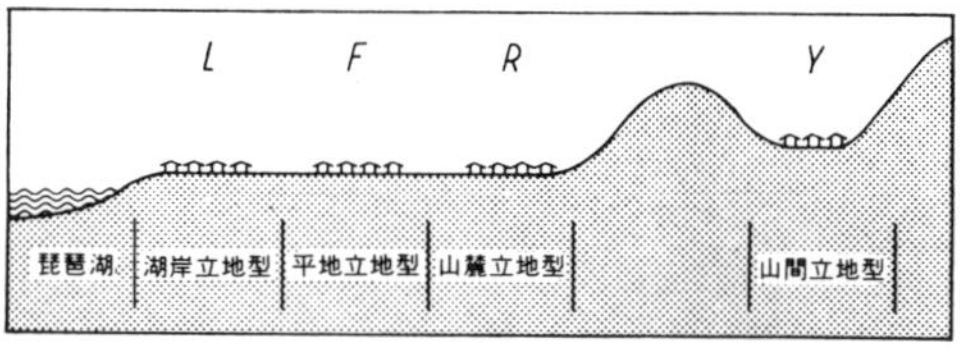

図４　集落の立地場所による分類

係に関する分類をおこなう。集落の居住域との関係から神社の位置をみていくと、集落の居住域内にある神社、集落居住域の縁辺部あるいはこれに隣接した場所にある神社、集落居住域から離れて独立している神社、の三つに大きく分けられる。さらに、二つ以上の集落居住域を結びつけるような場所にある神社や、神社の立地場所の地形条件、すなわち河川や山などとの関係も含めると図5、表6のような一〇種類の類型に分けられる。

　このような神社と集落との関係を、神社空間との連続性のうえで結びつけているのが参道である。ところで、神社の参道とは、一般に、神社に「参詣するためにつくられた道」とされるが、これま

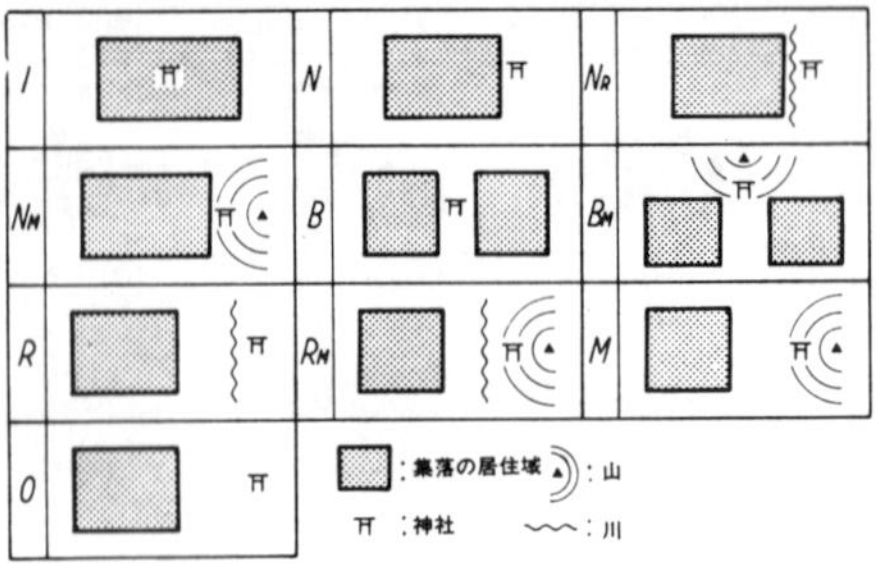

図5　神社の位置の分類模式

記号	神　社　の　位　置
I	集落の居住域の内部にある神社
N	集落の居住域の縁辺部、もしくはこれに隣接する場所にある神社
N_R	集落の居住域と小河川を隔てて隣接している神社
N_M	集落の居住域に隣接し、山麓・山腹・頂上などに位置している神社
B	2つ以上の集落居住域を結びつけるような位置にある神社
B_M	上のBと同様の位置にある神社で、山麓・山腹などに位置している神社
R	集落の居住域から見て、居住域から離れ川向こうにある神社
R_M	上のRと同様の位置にある神社で、山麓・山腹などに位置している神社
M	集落の居住域から離れ、山麓・山腹・頂上などに位置している神社
O	集落の居住域から離れた平地に位置している神社

表6　集落居住域と神社の位置関係の分類

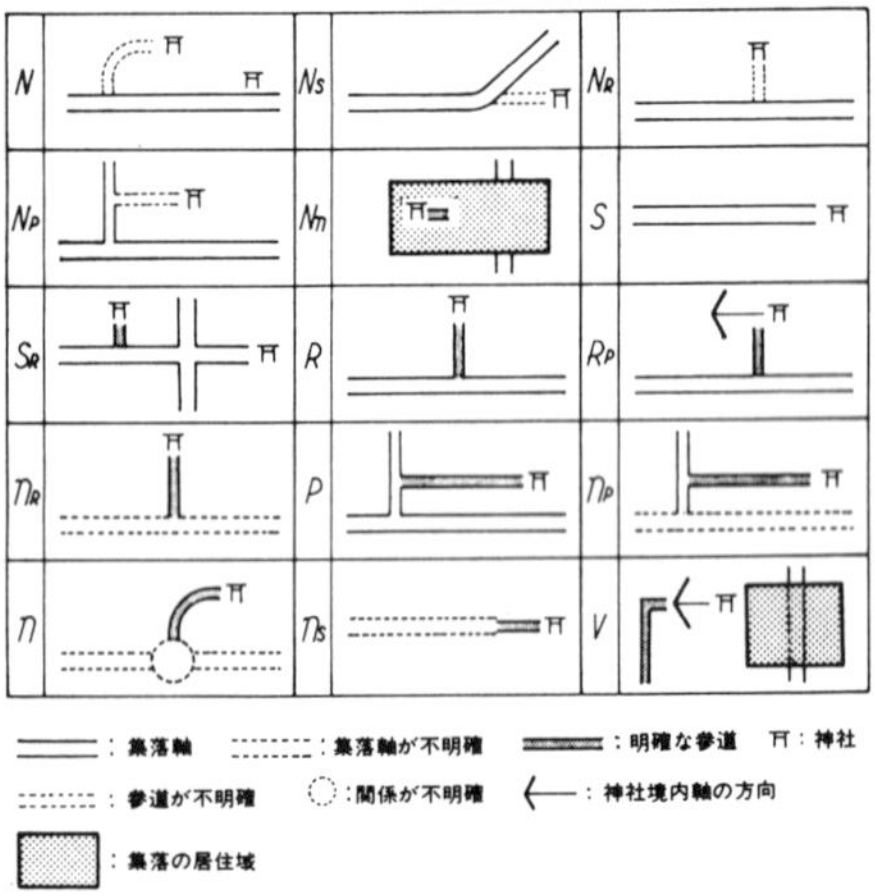

図6　参道と集落軸との関係模式

での集落との関係についての視点をもとに、ここでは「参詣するための道」として広義にとらえ、集落の居住域、あるいは集落内の公的な道から神社の入口である鳥居に達するまでの道および、鳥居から神社の拝殿・本殿にいたるまでの道とする。これは後述する「鎮守の森調査マニュアル」における定義より広くなっているが、集落をも含めた鎮守の森保存修景を考える視点によるものである。

一方、この公的な道というのは、集落の空間構成を規定するもっと重要な要素であり、集落の軸となっている道（集落軸）のことである。集落内に居住する住民全員にとって公的な道であり、集

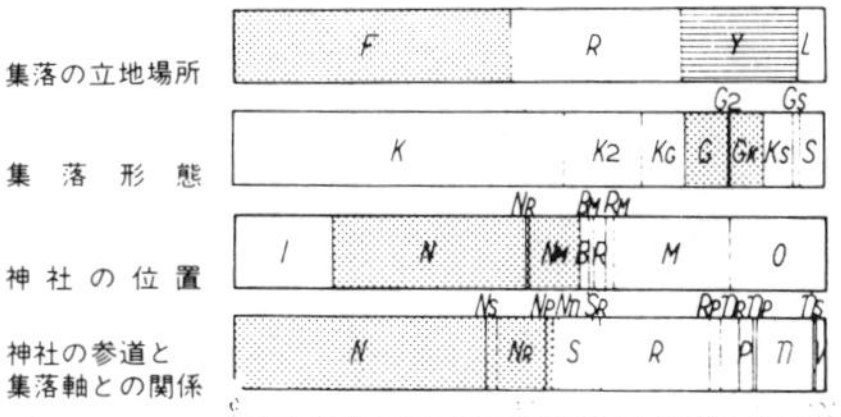

図7　類型項目別に見た滋賀県下の集落の特徴

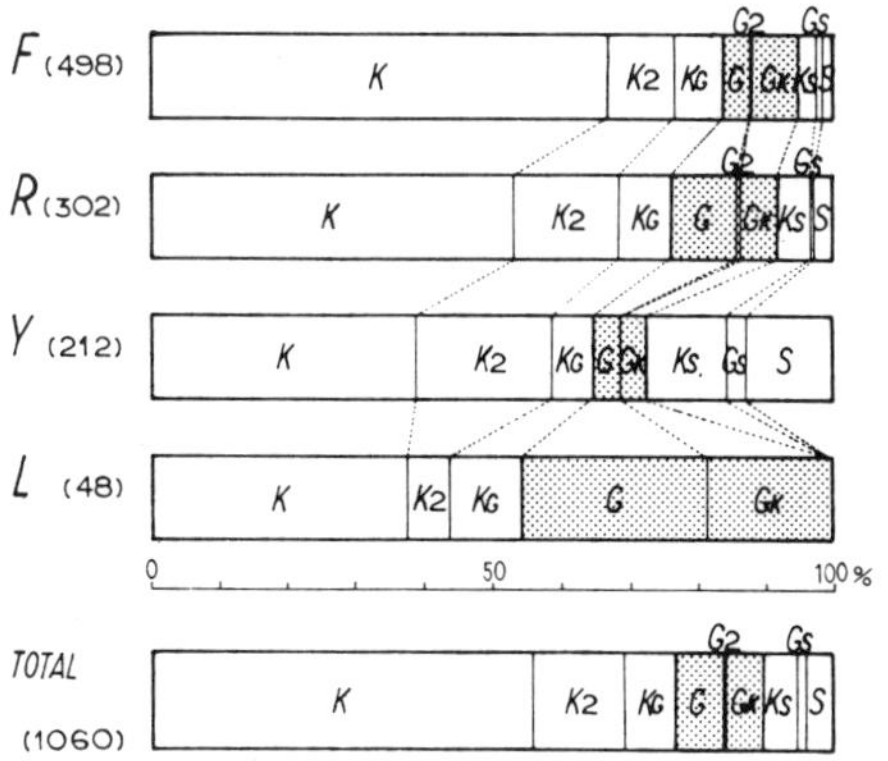

図8　集落の立地場所別に見た集落形態

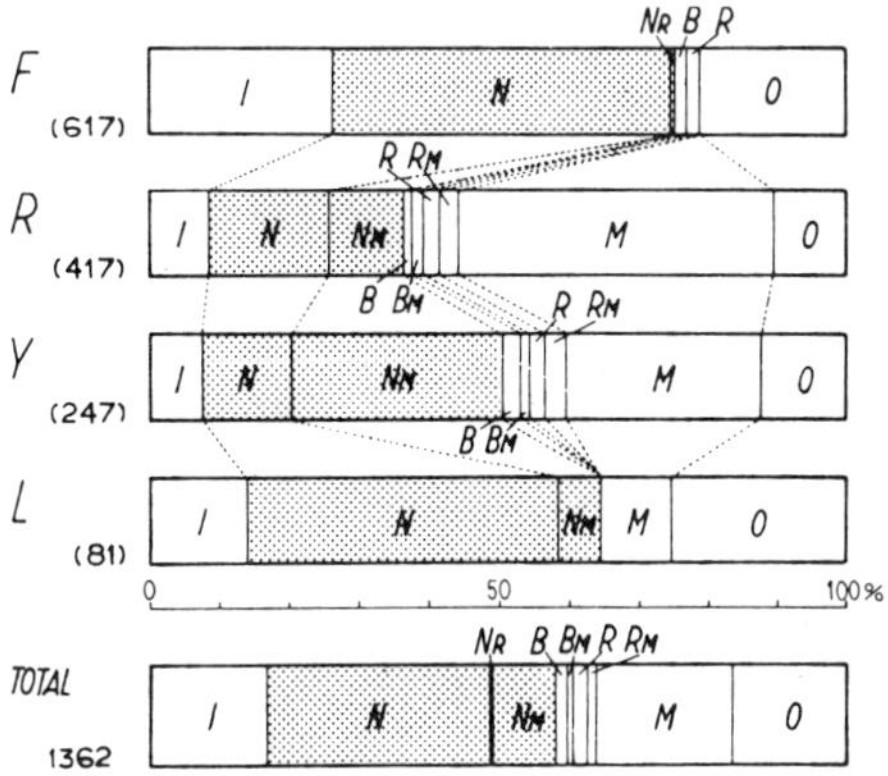

図9　集落の立地場所別に見た神社の位置

落の平面構成を骨格づけている背骨にあたる道である。そして、さきに規定した神社の参道とこの集落軸との関係については、空間構成に関する平面的型分けにより、図6のような一五種類の類型が設定できる。この一五種類の類型のうち、主要なものは、明確な参道（特に集落軸から鳥居まで）が存在しないもの、神社の参道と集落軸が直交するもの、神社の参道と集落軸が一致するもの、集落の明確な集落軸が存在しないものの四つである。

これらのそれぞれについて、鎮守の森保存修景、参道と集落軸の整備、さらには、集落全体の整備に関する基本的方針を策定していくことができるだろう。

3 集落空間と神社の一般的傾向

以上、滋賀県における集落の立地、集落形態、神社の位置、そして神社の参道と集落軸との関係についての一般的類型を設定した。それをまとめたものが図7である。滋賀県においては、集落の立地場所は平地立地型、山麓立地型が多く、集落形態は、塊村状が特に多い。神社の位置は、居住域隣接型、山麓・山頂型、居住域内部型、居住域離在型が多く、参道と集落軸との関係では、参道が不明確か存在しないもの、集落軸と直交するものがそれぞれ多くを占めている。

この研究において調査マニュアルにより詳細調査を行なう神社は、比較的よく維持管理されている、鎮守の森としての水準の高い神社であるが、ここでみられるように集落軸と神社空間との空間的な結びつきが明確でない集落が一般的には多く、鎮守の森と集落との一体的な整備を考えた場合には保存修景計画のひとつの着眼点になるであろう。

集落の立地場所と集落形態の関係では図8をみると、どの立地場所においても塊村状型が過半数を占めていることがわかる。特に平地立地型集落では塊村状型が多くを占め、山麓立地型、山間立地型の集落では散村型が多くなる。一方、街村状型の集落は湖岸立地型の集落において比率が高く、こうしたことは滋賀県の特徴といえよう。

集落の立地場所と神社の位置との関係では、図9に示すように、平地立地型の集落ではI（居住域内に神社）とN（居住域に隣接して神社）が多く、山麓立地型や山間立地型の集落では山麓・山腹に位置する神社が多い。湖岸立地型の集落においては、平地立地型の集落と同様に、神社は集落

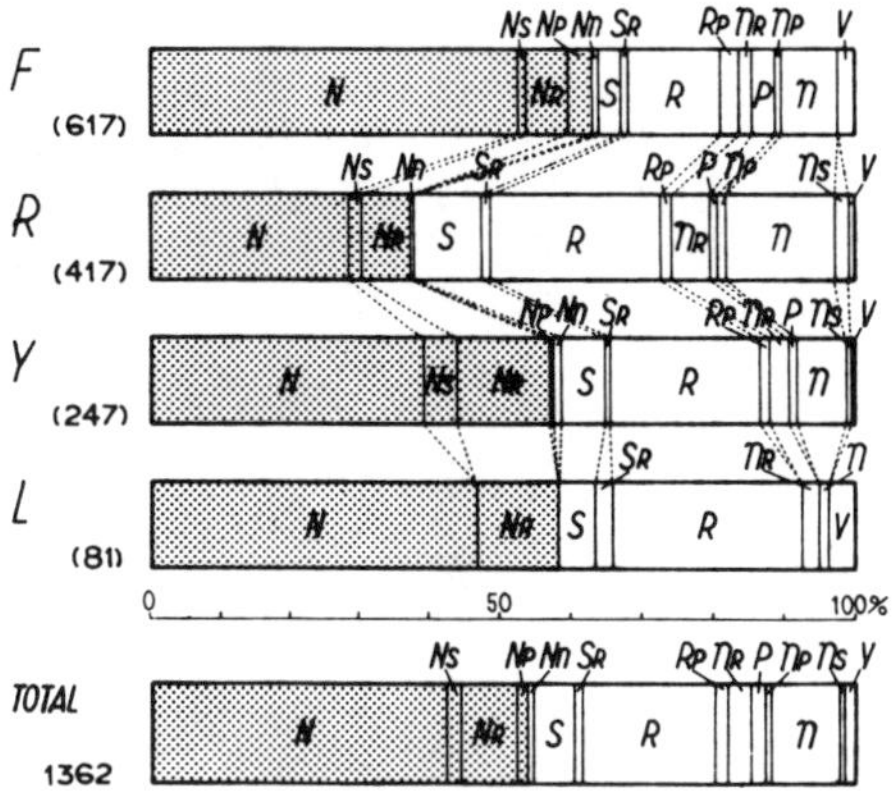

図10　集落の立地場所別に見た神社の参道と集落軸

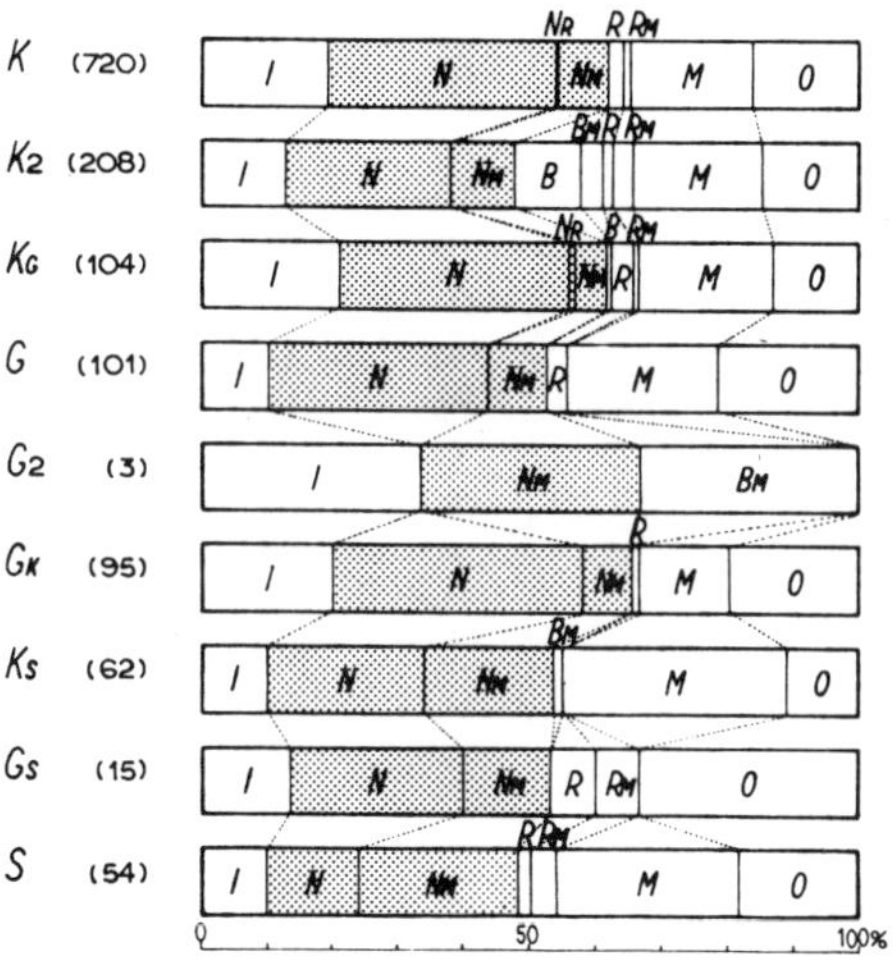

図11　集落形態別に見た神社の位置

の居住域と密着した場所に位置することが多い。これらのことは、集落の立地場所によって、鎮守の森の保存修景を、地域社会整備とどの程度関連させていくかの一つの指標となる。

集落の立地場所と神社の参道・集落軸との関係では図10に示すように、平地立地型集落においては、参道（特に集落軸から鳥居まで）がほとんど存在しないか、不明確なもの、あるいはそれに類するものが非常に多く、湖岸立地型集落においても同様であることがわかる。一方、山麓立地型の集落では、参道が集落軸に直角、あるいは集落軸が不明確である型が比較的多い。

集落形態別の神社の位置については、図11に示すように塊村状においては、居住域内に神社のある事例がやや多く、散村状の集落では、神社が山麓や山腹に位置していることが多い。後者は、山間立地集落と散村状集落が多いこと、そして山間立地型集落における神社の立地は、山麓・山腹が多いことによるものであろう。

最後に、集落形態と神社の参道・集落軸の関係では、図12に示すように街村状の集落においては、その集落構造の最も中心的な集落軸に対して、神社の参道が直角に結びついている例が非常に多いことが注目される。また、散村状集落では、神社の参道が存在しても、集落軸が明確でない型が比較的高い割合を示しており、塊村状集落では参道が存在しないか不明確なものが多い傾向がある。

4　集落空間と神社に関する地域特性

以上のように集落の立地場所や形態と、神社の参道や集落軸の間には、興味ある傾向がみられる。さらに、これらの集落や神社の平面型には、滋賀県内の地域別特性が予想される。ここで、図13のように設定した地域区分により、その特性について考察してみる。

各地区の集落の立地場所は、当然、その地区の地形条件を反映しているし、集落形態も集落の立地場所との関連が強い。各地区の集落における神社の位置・神社の参道と集落軸との関係は、図14、図15のようになっている。前述の地域区分と神社の位置や神社の参道と集落軸との関係には、きわだった傾向はみられない。しかし集落の立地場所や集落形態については、ある程度、地区別に特性がみられる。

一、湖北エリア(A)では、山麓に立地する集落が多い。また、湖北エリアでは神社の参道と集落軸が一致することが多く、山麓では特に細長い谷筋に集落があり、谷の奥に神社のあるものが多く、特に浅井町などに多くみられる。後で詳述する木之本町は、このエリアに属している。

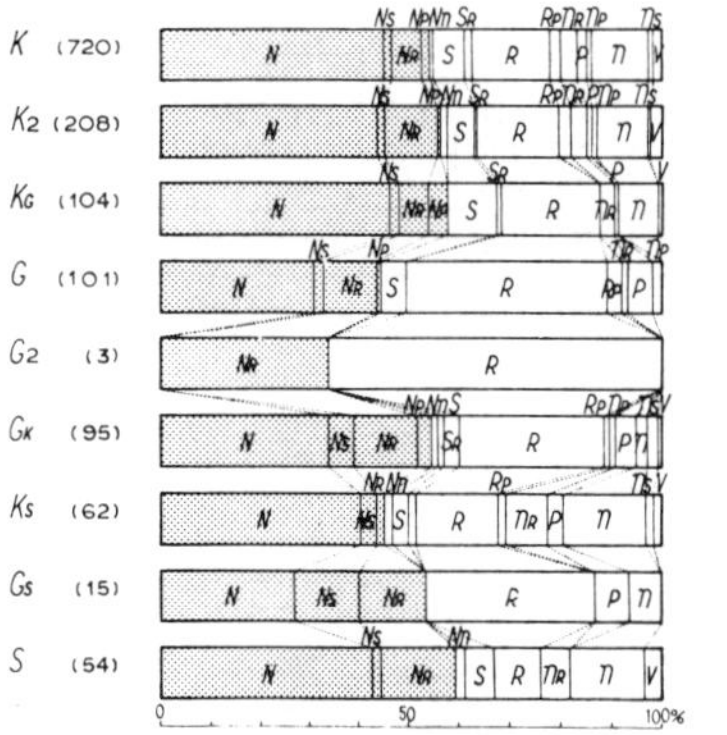

図12　集落形態別に見た神社の参道と集落軸

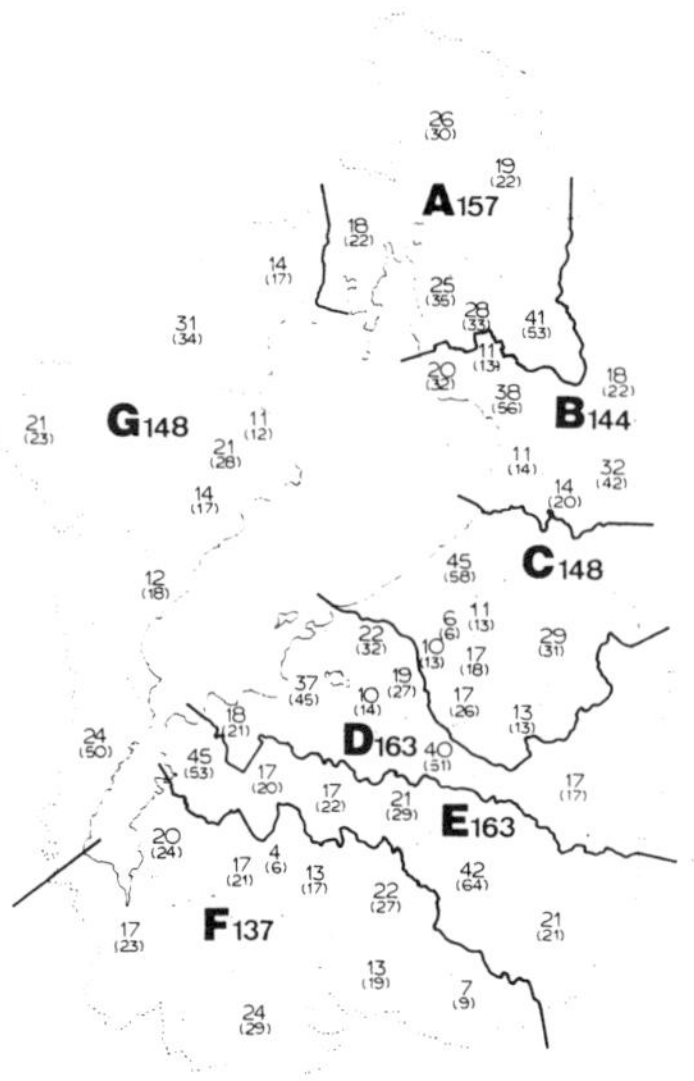

図13　本調査における地域区分
※　アルファベット横の数字は各エリア内の集落数を，他の数字は各市町村の抽出集落数，(　) 内は同じく神社数を表わす。

エリア	A	B	C	D	E	F	G
集落数	157	144	148	163	163	137	148
神社数	195	199	178	207	209	175	199
1集落あたりの神社数	1.24	1.38	1.20	1.27	1.28	1.28	1.34

表7　各エリアごとの抽出集落数・神社数

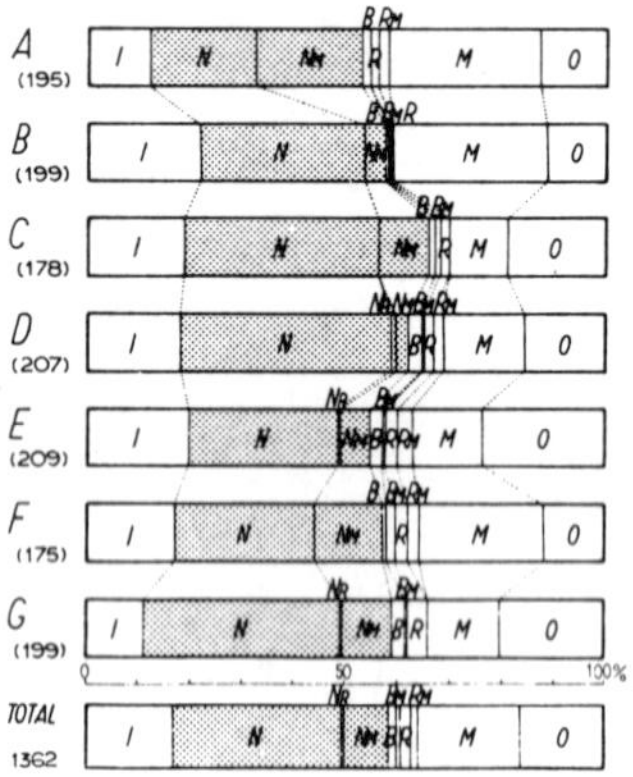

図14　各エリアごとの神社の位置（百分比）

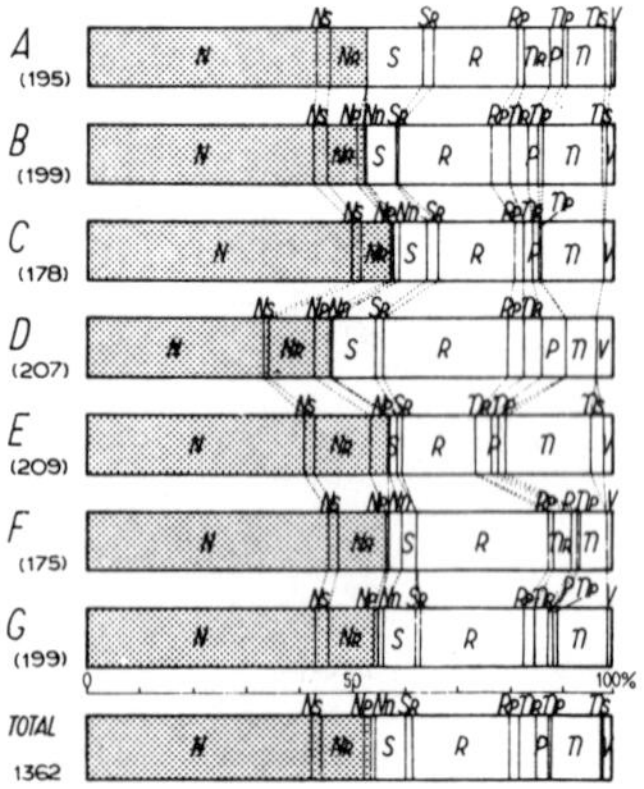

図15　各エリアごとの神社の参道と集落軸との関係（百分比）

二、長浜、米原エリア（Ｂ）は、一集落あたりの神社数が多い。これ以外、特徴的傾向はみられない。

三、湖東エリア（Ｃ）には、典型的な平地立地型集落の特徴を示す集落が多い。このエリアは、一集落あたりの神社数が最も少なく、集落の居住域内やこれに隣接するところに神社が位置する塊村状の集落が多く、神社の参道がほとんど存在しないものや明確でないものが多くなっている。

四、近江八幡、八日市エリア（Ｄ）には、神社の参道と集落軸の関係が明確な集落が多く、これは特に神社が居住域外に位置するものに多い。後で詳述する安土町もこのエリアに属している。

五、守山、蒲生エリア（Ｅ）には、集落軸と参道との関係が明確でない集落が多く、特に神社が集落の居住域外の平地に位置しているものにこの傾向が強いと考えられる。
六、湖南エリア(F)には、山間立地で散村状の集落が多く、細長い谷筋に立地する集落は湖北エリアに比して少ない。このエリアにおいては、神社が山麓や山腹に位置するものが多く、神社の参道は集落軸に直角に結びつくものが多い。草津市はこのエリアの平地部に位置している。
七、湖西エリア(G)には、山間立地型、湖岸立地型の集落が多く、特に後者が多い。

5 まとめ

以上、滋賀県内における集落空間類型と神社や参道との関係についてみてきたのであるが、鎮守の森の保存修景が地域社会の整備に有効であること、とくに、地域社会の整備については、それぞれの集落空間や神社の位置関係によっていくつかの整備の方法がありうるだろう。*

* 澤木昌典修士論文『集落空間の構造に関する基礎的研究』1982年より抜粋

III 鎮守の森を調べる

鎮守の森を調べる

1 調査のねらいと対象地

滋賀県における鎮守の森の具体的な修景保存方法を探るために、県内の四つの市町村において、後に述べる調査マニュアルを用いて、鎮守の森の現況調査を実施した。また、調査に際しては各鎮守の森を後述する八つの観点から評価し、その評価結果と実際の鎮守の森の状況との関連を探り、修景保存の対象として取りあげる際の基準、目安について考察した。

なお、ケーススタディとして取り上げる市町村は、湖北、湖南、湖東、湖西の各地域で一カ所とし、また、都市化地域、平地農村地域、山間地域、平地と山間の境界地域という環境タイプを反映するような観点から、次の4市町村とした。

湖北・平地と山地の境界地域……………木ノ本町
湖南・都市化地域……………………………草津市
湖東・平地農村地域…………………………安土町
湖西・山間山村地域…………………………朽木村

また、各市町村での個々の調査では、各市町村におけ る鎮守の森の状況を全体的な観点から把え、各市町村に

図16　調査対象市町村位置図

おける代表的(歴史、内容、規模等)と思われる神社八カ所を抽出し、それについて詳細調査を実施した。

2　調査マニュアル

㈠調査項目

調査の具体的な内容として、鎮守の森に関して、下記のように九の事項に分け、いろいろの分野から調査することとした。

また、調査カードは、図に示すように設計した(原版A—3判・2枚組)。

①一般事項

名称　通称・俗称　住所　前住所　所有者　管理者　宮司　法人格の有無　社格　延喜式内外社

縁起来歴　祭神　摂社・末社等

②周辺環境と社域

法規制関係　周辺環境(土地利用・集落との位置関係等)　陸標認知半径　社域面積　概略図等

③参　道

規模(幅員・延長)　一の鳥居・主要な鳥居(様式・材質・規模)　主要構成要素　御旅所・御輿の巡行構成　改変状況　概略図等

④社殿建築

規模　創建年代　形式　建築資材　改変状況　建物外観図・写真　建物配置図等

⑤樹林その他の自然環境

標高　微地形　風当　日当　土壌　腐植　水相　動物相　樹林名称　樹林面積　樹林の特徴　樹林構成と出現種　保存・利用状況　古木　名木　大木の状況　概略図等

⑥文化財

祭礼　年中行事　指定文化財　遺跡　美術工芸品　伝統技術　伝承芸能　説話等

⑦氏子等の支援組織

名称　代表者　規模　組織の構成　活動内容および活動状況等

⑧利用状況

周辺住民の利用　広域的利用　地域共同体との関わり等

⑨総合評価

自然的価値　文化的価値　環境的価値　社会的価値　将来予測と提言　特記事項等

なお、一般事項を除く八つの各調査事項には評価欄を設け、各事項ごとに、調査者の判断により評価を行い、各事項の持点が一五点で、計一二〇点満点となる評価方式を採用した。

㈡調査方法

前述した各調査事項に関する具体的調査方法は、下記のとおりである。

①一般事項

一般事項は、当該神社の概略を知るための調査項目である。正式名称の他に、一般的に「天神さん」のように通称・俗称を持っていることが多いので、それを併記する。

前住所は、明治初期の社寺統合により、また、近年の様々な開発により、移転して現在の位置になっている場合等について記入する。

宮司は常駐と他の神社との兼任の場合の他、不在のタイプについても記入する。

法人格については、宗教法人としての登録の有無を宗教法人台帳等により確認する。

社格は、戦後の連合国軍による占領行政により廃止されたが、神社の歴史や背景を知る上で重要である。社格は明治四年の太政官布告により官社（国家自らが経営する神社）、それ以外を諸社と称することに定められた。

官社………官幣大社、官幣中社、官幣小社、国幣大社、国幣中社、国幣小社

諸社………府社、藩社、県社、郷社、村社

無格社……上記以外

明治六年には、官社のうちに新しく別格官幣社（歴史上の功臣で神に祭られた神社）が加えられた。また藩社は廃藩置県で改称され、府県社となった。延喜式内社は、神祇官の神名帳（延喜式）に掲げられている古い神社で、当時は全国で二、八六一社（座数で三、一三二座）が記載されていた。

縁起来歴は、神社の起源やその後の来歴を記載するための欄で、神社の縁起や社記の内容を記載する。しかし、その内容については、後世に付加されたものや修正されたものもあり、慎重な解釈が必要であろう。

祭神は、その神社の祀る神を記載する。祭神は創建時に祀られたものの他、後世に合祀されたものもある。

摂社・末社は、各神社の付属の社で、摂社はその神社に特に密接な関係をもつ神を祭った社、末社は摂社につぐものである。

②周辺環境と社域

この項では、主として、戦後の高度経済成長期以降における、鎮守の森周辺の土地利用の変化による環境条件の悪化要因を検討する。悪化要因の主要なものとしては、幹線道路の建設、土地区画整理事業の実施、鉄軌道の建設、住宅、工場、商業施設などの立地による神社周辺景観の著しい改変や悪化などである。

もともと日本の集落では、一集落一神社の原則が広範に一般化した時期があり、集落と鎮守の森には密接な関係がある。そして、鎮守の森として貴重な樹林が維持、管理されてきた事例が比較的多い。このことは、姫路市や伊丹市等の自然保護条例（章末資料参照）、緑地保全・緑化推進条例において保存樹や自然緑地保護地区に指定される例が、鎮守の森であることが多いことによっても明らかである。

従って、鎮守の森は日本の集落景観の非常に重要な構成要素の一つであったのであり、その価値と変化を評価するために、陸標認知半径の測定を導入している。これは、鎮守の森が、その地域社会（例えば集落や町内、校区内など）のランドマークとして、どの程度の範囲から認知可能かを測定するものである。

この認知範囲は、鎮守の森として維持されている樹林の程度（高度、密度）と、鎮守の森周辺の土地利用状況によって左右されるものであり、戦後の地域社会の変化による認知範囲の増減も可能な限り明らかにしたい。

以上、鎮守の森の周辺環境の評価は、樹林そのものの維持状況のほかに、周辺土地利用の変化には、都市化・市街化の進行としてやむを得ない側面もあるので、その評価については、周辺環境や景観の維持向上に留意しているか否かによる判断が加えられるべきである。

周辺環境の変化に関する地図、あるいは集落との関係を示す地図としては、戦後の急激な変化以前、すなわち昭和三〇年代以前の地図と、現在の地図を使用する。また、参考データとして、鎮守の森にかかる法規制（国土利用計画法、都市計画等の他、各種法規制）と社域面積を記録する。

③参道

神社において参道空間は、本社（大規模な神社では本殿を囲む回廊、垣内の空間）という目的空間に向うアプローチ空間であり、その目的に向って近づく人の宗教的感情を高める役割を果たしている。しかし、その参道から宗教的側面を取り除いて、フィジカルな空間構成の面から眺めても、人の心理を一つの高揚へと持っていく手法として興味深いものがある。

ところが、このような視点からの考察は、大規模の神社では可能であっても、本研究のように、農山村集落における小規模神社も含めた参道空間の調査では、種々の困難がある。また、本研究の目的が、単なる神社の参道空間の考察にあるのではなく、都市あるいは農山村集落における神社と参道空間の有する意味や役割の分析にあることから考えると、神社の参道空間としては、その地域社会の主要道路において、神社へ方向づけされた地点を出発点とし、いちおう本殿を終点とするアプローチ空間とすることが妥当であろう。すなわち概念としてやや広義になる。

参道空間の記号化、分析のための構成要素としては、距離、レベル変化、折れ曲り、道幅の変化、路面材質、鳥居、門、橋、参道中に表われる建築物（舞殿等）、参道の両側に表われる建築物、燈籠、緑（樹木、花等）、水等の要素があげられる。これらの構成要素を記号化し、配置図の上に表現する。

参道空間の演出が最も著しく強調されるものは、どのような空間構成要素であるのか、その構成要素によって、どのような空間感覚が得られるのかが、参道空間評価のプラス面である。一方マイナス面は、参道空間の改変状況、参道空間からの景観構成要素のうちの阻害要素、日常的利用（子供の遊び場）への過剰適応などである。

また、参道空間の延長として、祭礼日における御輿の巡行ルート、御旅所の位置や有無についても、プラス評価要素として加える。

④社殿建築

境内地内にみられる建築物を列記すれば、本殿（正殿）　境内社殿　幣殿（祭文殿）　拝殿　廻廊（透塀）　中門　渡殿　社務所　神撰所　斎館　神楽殿（舞殿）　手水舎　倉庫（祭器庫、宝庫、神輿庫、山車庫）　鳥居　玉垣　四脚門　制札　社標などがある。

これらの建築物の組み合わせが境内の空間的様相を大きく左右すると思われるが、それぞれの使用目的に応じて大きくは四グループに整理される。

i　聖域内基本的要素…本殿（正殿）　廻廊（透塀）　中門　境内社殿

ii　聖域外基本的要素…拝殿　渡殿　幣殿（祭文殿）　神撰所　神楽殿

iii　補助要素…社務所　斎館　倉庫　絵馬殿

iv　結界的要素…鳥居　玉垣　四脚門　社標　制札　手水舎

ⅰのグループは、境内地の基本的要素であり、祀られる実体的要素といえる。これに対し、ⅱのグループは、崇拝行為がおこなわれる諸活動の場であり、原則的には、ⅰのグループに接する場所にみられる。ⅲは、ⅱのための補助的施設であり、ⅳは境内地の結界的要素の数々である。

これらの四要素が具備されていれば、境内地の建築的要素の完成度は高いと考えられるが、そのなかでも建築物の質の優劣が問題となる。そこで四つのグループについて、あらかじめ建物の質を良、普通、無、の三段階評価をおこない、それらの合計点で境内地建築物の総合評価をおこなうことにする。良の場合二点、普通の場合一点、無は零点を与えると、四グループそれぞれについておこなわれるので八点満点となる。そこで五点以上を上、四点を中、三〜二点を下、一点以下を無とする。

第ⅰ要素	2.1.0.
第ⅱ要素	2.1.0.
第ⅲ要素	2.1.0.
第ⅳ要素	2.1.0.
合計点	
規模特列	有　無
最終判定	上.中.下.無

8, 7, 6, 5 ｝上
4 ―中
3, 2 ｝下
1, 0 ｝無

規模特例：1000m²未満で1要素に2点が賦与される場合は最終判定を中心とする。

表8　社殿建築の評価方法

こうした採点基準をとると、たとえば、四要素が一応そろっているだけの場合は、総合が四点で中の判定が下されるし、国宝級の建物や伝統的形態をよく残した建築物があれば、更に得点があがり上に判定される。また四要素のうちいずれかが欠けていて、しかも他の建築的要素に良のものがなければ三点となり、下として判定される。また四要素のうち三要素以上がみられない場合は二点か一点になるが、この場合、建築物の質にみるべきものがなければ、総合評価は無となる。

さて、ここで問題になるのは、一般に四つの要素が完備されていない小規模神社の例である。上記の評価方法では小規模神社の良質な境内環境が評価されにくいので、特別に、一、〇〇〇平方メートル以下の神社に限っては一要素でも評価のできる（つまり二点が与えられる）場合は、中と判定することにした。

調査票記入の評価点は、最終評価が上の場合は一五点、中の場合一〇点、下の場合五点、無の場合零点とする。

⑤樹林その他の自然

ここでは、社叢としての樹林を、質的に量的に把握する。標高、微地形、風当、日当、土壌腐植の調査項目は、一般的な植生調査と同様に、その樹林の立地環境を把握するためのものである。

樹林名称及び樹林の特徴では、その社叢の特徴を表現する簡潔な文章でまとめる。表現上のポイントは、完全な自然林であるのか、人為的に植栽された樹林であるのかという点である。樹林の特徴では、樹冠の高さや主要な高木層の樹種、また、世代交代が可能か等の判定の資料となる亜高木層から、林床の草本相までの状況等を表現する。

樹林構成と出現種の欄では、完全な自然林（残存自然林を含めて）の場合、植生調査におけるブラウン—ブランケ法により、調査した結果を記載する。その他の場合には、社叢景観写真等を付ける欄として利用する。

保存利用状況の欄では、補植等の樹林保護や林縁部の破壊の状況、また林内での子供の遊び場化等、樹林へ影響をおよぼすと思われる様々な利用状況について記載し、今後の保存修景策の参考とする。

古木・名木・大木は、鎮守の森において神木として取扱われていることが多く、それらの樹種・樹高・幹廻り径・場所等を記載する。

以上の各調査小項目が理解できるように、その右側の空欄（一〇センチ×一〇センチ）に、概略の見取り図を記載する。

その他社叢と関連して動物相と水相にもついて観察し、トータルな自然の理解の資料とする。

樹林面積は林地面積そのものより、林地や境内内の単木的な樹木を含めた緑被面積を記載する。

⑥文化財

この項では、現在行われている祭礼・年中行事、その神社に内包する遺跡や御神像・社宝等の美術工芸品、絵画、文書、祭礼や年中行事に伴う伝統技術、伝承芸能、また神社にまつわる説話等を調査する。

⑦氏子等の支援組織

それらのうち指定文化財になっているものは別途、指定文化財の欄に記載する。

この項では、神社を核とする氏子組織、その活動内容や状況等、主に地域コミュニティの状況について調査する。また、それは地元老人クラブ・子供会等も清掃活動等において参加している場合もあり、それらの状況についても併せて記載する。

⑧利用状況

鎮守の森は、当初は神と人のまじわる場として宗教的な聖域空間であったが、今日では、様々な地域コミュニティの場の延長として利用されてきている。また、旧社格の上位の神社では、地域コミュニティ以外にも広域の利用も発生している。この項ではそれらの状況について調査する。

⑨一般的価値評価

ここでは、これまでの八つの調査項目で調べられた内容を、自然的価値、文化的価値、環境的価値、社会的価値について整理しまとめる。

なお、特記事項については以上の調査項目でカバーされない点、特に強調しておくべき点などについて記載する。将来予測と提言については、全ての調査を完了したその鎮守の森についての将来予測や提言、特に保存・修景にかかれる点について、調査者のコメントを記述する。

（資料）伊丹市緑地の保全および緑化の推進に関する条例（昭和四九年一〇月）

目的

第一条　この条例は、環境保全の基本理念に基づき、自然環境におるけ緑地の適正な保全および緑化の推進に関し必要な事項を定め、もって市民の健康で快適かつ文化的な生活の確保に寄与することを目的とする。

市の責務

第二条　市は、樹木および樹林の所在する地区（以下「緑地」という。）の適正な保全および緑化の推進に関する基本的な施策を策定し、実施しなければならない。

事業者の責務

第三条　本市の区域内において事業活動を営む者（以下「事業者」という。）は、その事業活動の実施にあたって緑地が適正に保全されるよう必要な措置を講ずるとともに、市が実施する緑地の適正な保全および緑化の推進に関する施策に協力しなければならない。

市民等の責務

第四条　本市の区域内において土地、建物等を所有し、また占有し、もしくは管理する者は、緑地が適正に保全されるよう自ら努めるとともに、市が実施する緑地の適正な保全および緑化の推進に関する施策に協力しなければならない。

緑地保全地区の指定

第五条　市長は、良好な自然環境として保全することが必要であると認める緑地を緑地保全地区として指定することができる。

二　市長は、前項の指定をしようとするときは、あらかじめ当該土地の所有者または占有者もしくは管理者の意見を聞くものとする。

三　市長は、緑地保全地区を指定するときは、その旨を告示しなければならない。

四　前二項の規定は、緑地保全地区の指定の解除および地域の変更について準用する。

保全の義務

第一一条　緑地保全地区内の土地または保存樹木の所有者または占有者もしくは管理者は、当該土地内の樹木および樹林または保存樹木の損傷、滅失または枯死を防止し、その他これらを保全することに努めなければならない。

緑化推進地区の指定

第一二条　市長は、良好な生活環境を保全するため緑化を推進することが特に必要であると認める地区を緑化推進地区として指定することができる。

村の社

1　はじめに

『朽木村志』[*1]『高島郡誌』[*2]などによれば、人口二八五三人（昭和五七年九月）の朽木村には約三七の神社がある。大正一〇年の『神社明細帳』[*3]（滋賀県神社庁所蔵）によってもほぼ同数である。そのうち、旧社格のあるものは、主な集落に各一社あり、村内全体で村社一五、郷社一である。

勧請年代や縁起・来歴については、不詳のものが多く、産土神あるいは鎮守の森としての特徴を示しているとも考えられる。この中で、旧式内社と考えられるものは、生杉の大川神社と大野の小野神社とされる。しかし、小野神社については、高島郡内のマキノ町海津にも同じ名のものがあるという。社伝による勧請年代の古いものとしては、村志において宮前坊の迩々杵《ににぎ》神社（貞観年中、八七六〜八九五年）、村井の八幡神社（承久三年、一二二一年）、野尻の山神神社（天正一三年、一五八五年）等があげられている。

このように、産土神としての性格が強いとすれば、村人の生業と関係していると考えられるので、祀られている神々の性格からみることが必要であろう。何故なら、それによって逆に、集落の人々の生活の歴史をさぐることができるからである。『村志』にも記されているが、日本の村の神々には、山の神、川の神、地の神などというように、その他に難しい名はなかったのではないか、とさ

＊1　1974年3月
＊2　1961年7月
＊3　1952年2月

れているからである。現在の祭神の神名は、明治になってから新しい神名帳をつくるとき、当時の神官が適宜命名付与したものが多いとされている。

『村志』によれば、山の神系の主なものとしては大山祇神、大山咋命があり、野尻、能家《のうげ》、柏、村井など各集落の山神神社、地子原《じしはら》、雲洞谷《うどだに》、中牧などの日吉神社、大宮神社があげられている。一方、川の神系としては筏師の職能神としての志子淵《しこぶち》神が特に注目され、岩瀬、雲洞谷、小川、平《ひ》良《ら》、能家などに志子淵神社が祀られている。地の神系では、特に中心となる祭神はないが、全体として針畑川、北川、麻生《あそ》川などの流域の集落では、その性格が弱いものと考えられる。

以上のような集落ごとの神様の性格から、朽木村の地理的環境の構成を考えると、針畑川、北川、麻生川などの流域では山の神系や川の神系を産土神とする傾向が強く、従って人々の生活も農地に依存する割合が比較的小さかったと考えられる。一方、安曇《あど》川本流域、なかでも特に市場周辺の集落では小規模ながら平地部が展開し、農業生産に依存する割合が高く、産土神も地の神系とされることが多くなるようである。

2　民俗的特徴

朽木村の鎮守の森を考える場合に、欠かすことのできない視点として、その民俗的特徴がある。朽木村の各集落においては、それぞれの集落で若干の差異はあるが、宮座の遺制と複数神主制が残されている。この宮座は、単なる祭祀組織以上の機能を有していた調査事例（中牧の大宮神社など）にも報告されており、神主も交替制が一般的である。

朽木村全体の総神主は朽木氏であり、迩々杵神社や麻生の若宮神社などの主要な神社の祭礼においては朽木氏が神主役をつとめていたとされる。しかし、現在では朽木氏のかわりの専門神主が五月一〇日の祭礼の神事を行なっている。

この宮座に関連する各種の民俗的行事や制度は、日本の村落社会の構造の解明や、その文化的背景を考える手がかりとして貴重なものである。

3　景観的特徴

朽木村の神社の特徴を、大正一〇年の『神社明細帳』よりみると、これまでみてきた産土神としての性格を反映して、規模の小さいものが多い。境内面積のもっとも大きいものは、麻生の若宮神社の約一・八ヘクタールであり、ついで栃生の八皇子《はちおうじ》神社の約〇・七ヘクタール、中牧の大宮神社の約〇・六ヘクタールである。

大部分の神社において、整備された参道というべき空間はなく、神社境内の聖域感を高めるための特別の演出効果が考えられていることもない。

また、鎮守の森として貴重な樹木が意識的に残されている例もそれほど多くない。比較的樹木の多いのは中牧の大宮神社、麻生の若宮神社、古川の廣田神社などである。

4　詳細調査対象神社

詳細調査対象神社は、表9のうちのつぎの八社である。

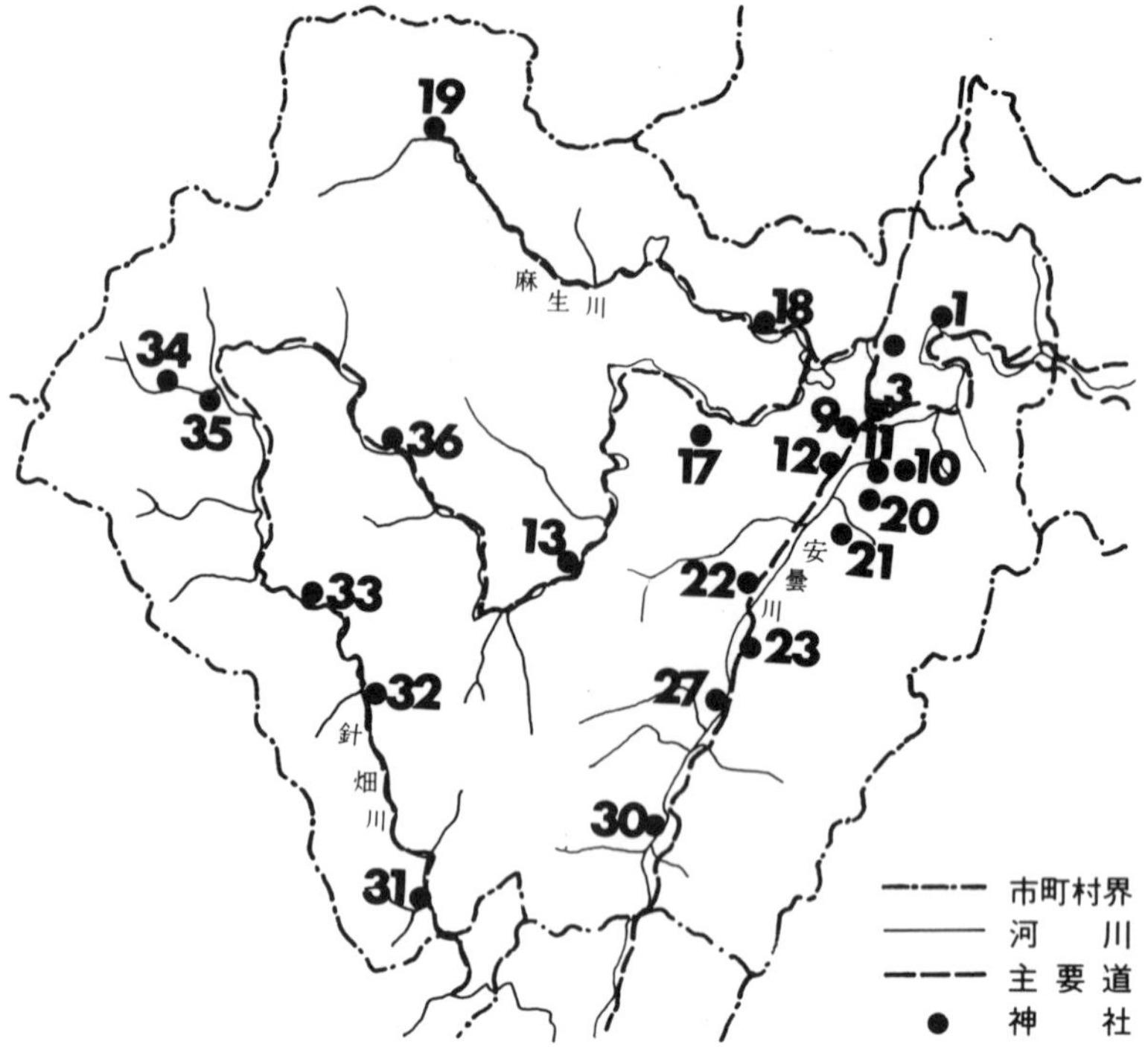

図17　朽木村の神社分布

(1)日吉（大宮）神社（中牧）
(2)若宮神社（麻生）
(3)迩々杵神社（宮前坊）
(4)伊吹神社（荒川）
(5)志子淵神社（岩瀬）
(6)八幡神社（木地山）
(7)山神社（柏）
(8)大川神社（生杉）

No.	神社名	鎮座地	祭神	旧社格	式内	例祭月日
1	伊吹神社	荒川	日本武尊	村社		5・10
2	天満神社	〃	菅原道真			—
3	山神神社	野尻	大山祇命	村社		5・10
4	夷神社	〃	蛭子命			10・20
5	金比羅神社	〃	金山彦命			—
6	朽神社	〃	朽命			—
7	愛宕神社	〃	火具土命			—
8	秋葉神社	市場	火具土命			7・24
9	蛭子神社	〃	蛭子命			—
10	遡々杵神社	宮前坊	大己貴命・遜々杵尊	郷社		5・10
11	天満社	〃	菅原道真			—
12	思子潤神社	岩瀬	思子淵神	村社		5・10
13	日吉神社	雲洞谷	大山昨命・瓊々杵尊	村社		5・10
14	思子淵神社	〃	思子淵神			—
15	白山社	〃	伊時諾尊			—
16	山神神社	〃	大山祇命			—
17	日吉神社	地子原	大山昨命	村社		5・10
18	若宮神社	麻生	仁徳天皇	村社		5・10
19	八幡神社	〃	応神天皇・惟高親王			—
20	赤杵島神社	柏	市杵島姫命			—
21	山神社	〃	大山祇命			—
22	広田神社	古川	大巳貴神・大名日命・神名日神	村社		5・10
23	市杵島神社	大野	市杵島姫命	村社		5・10
24	小野神社	〃	やしうめ御前		?	—
25	大野神社	〃	ひじり御前		○	—
26	日本武社	〃	日本武尊			—
27	八幡神社	村井	応神天皇・瓊々杵尊・素蓋瓊命	村社		5・10
28	山神社	〃	大山祇命			—
29	野神社	〃	大山祇命			—
30	八皇子神社	栃生	大山祇荒霊命	村社		5・10
31	思子淵神社	小川	思子淵神	村社		5・10
32	思子淵神社	平良	思子淵神	村社		6・20
33	夷神社	桑原	蛭子命	村社		6・20
34	大川神社	生杉	大川明神・大已貴命		○	—
35	大宮神社	中牧	猿田彦命・応神天皇・大山昨命	村社		6・20
36	山神神社	能家	大山祇命・国狭　命	村社		5・10
37	思子淵神社		思子淵神			—

表9　朽木村の神社一覧

5　大宮（日吉）神社

朽木村における最西端、針畑川の奥にやや開けた盆地状の平地があり、カヤ葺き農家の点在するいくつかの集落が立地している。大字生杉、小入谷《おにゅうだに》、中牧、古屋の集落であり、小字集落としては、さらにそれぞれ二、三の集落に分かれる。

この四集落の中心、中牧には、鎮守の森としての景観の非常によく維持されている大宮神社がある。朽木村の多くの神社と同様に、参道としての整備はほとんどなされていないが、鳥居、拝殿、本殿および末社と仮屋による境内の構成は、農山村における産土神として非常によく維持管理されているものの一つである。朽木村内においても、最も境内景観の整備されている神社であり、境内樹林にも評価すべきものがある。

この大宮神社については、明治時代に合祀されて針畑四集落の鎮守の森となっていたことは、記録や、合祀前の大川神社が生杉地区に現存することから確実であろうと考えられるが、合祀と交替神主制の問題など、村落共同体あるいは民俗行事との関係については不明な点が多い。

さらに、現在の拝殿は、大正六年に建てられたものであり、それまでの仮屋は現在の位置よりさらに西側の、今の拝殿の近くに接していたという調査記録から考えると、現在の境内景観が形成されたのはその後であることになる。

大宮神社拝殿

さて、この四集落の戸数、すなわち大宮神社の氏子戸数は約七〇戸であったが、過疎化の進行によって現在では三〇戸以下に減少している。この減少前の氏子戸数は神社を維持する氏子規模として比較的理想的な大きさであることは、本調査研究の過程で明らかになりつつある。

しかし、現在では前記のように過疎化が進行し、居住者の老齢者比率が著しく高くなっていることから、今後の維持管理が困難になっていくことが予想される。現実には、若年の後継者の不足によって、交替制の神殿《こうどん》のハナガエリ（年齢の高い順に神殿をつとめるのが、最年少者から二回目の神殿として高齢者に勤めてもらうようにすること）が検討されている。

針畑地区には民俗資料としても貴重な事例が調査報告されており、前記の交替神殿制や現在の仮屋以前の仮屋での神殿と座付氏子、一般氏子の空間利用の厳しい規則、宮座における宮金制度などが調査報告されている。これらの記録は、『朽木谷民俗誌』*『朽木村志』に記されていて、仮屋における空間の名称が民家のそれと類似していることが注目される。

以上、朽木村において、もっとも注目すべき鎮守の森として針畑地区の大宮神社をあげたが、これは朽木村でも最奥地ともいうべき地区であり、小入谷地区はすでに廃村状態であることから考えると、過疎地としての再生策が必要であることはいうまでもない。従って、鎮守の森については、その過疎地再生策にくみ込んだ形での保存修景が必要である。

6 若宮神社

朽木村における鎮守の森は、産土神としての性格が強く、集落景観の中に融和していて、遠距離

＊ 1959年6月発行

から識別できるようなランドマークとしての特徴を備えているものは少ない。そのような朽木村の神社の中で、鎮守の森としての境内林が残されている数少ない例の一つがこの若宮神社である。

麻生の集落は、安曇川支流の一つである麻生川沿いに展開した河岸段丘上の四つの小集落、上野、久保所《くぼしょ》、向所《むかいじょ》、横谷により構成され、そのほぼ中心にほとんど手入れのされていない境内林を背景とする若宮神社が位置している。

神社へのアプローチは境内の東に設定された一の鳥居から直線的に本殿に至るが、その間に、朽木村ではここのみに確認された能舞台が配置されている。参道の右側は水田、左側は杉林であり、参道空間としての意識的構成が強く表現されているとは考えられない。

境内のほぼ中央に舞台が配され、その右側に仮屋が位置している。従って、これも朽木村のどの神社でもそうであるように、境内空間としてのオープンスペースはほとんど存在しない。

この若宮神社の氏子戸数は約七三戸であり、神社を維持運営していく規模としては理想的であるが、針畑地区同様に過疎化が進行し、各戸の後継者が不在のため、管理運営が困難になりつつある。この氏子組織については、他の神社と同じく宮座の遺制を伝えるものであり、朽木村でも、もっとも興味深い民俗行事の残されている神社である。

まず正月行事としての元旦祭がある。宮座の遺制を残して、神主は交替神主であり、神殿（コウドン）と小神主より構成されている。正月行事においては、神殿と小神主の麻生川での垢離《コリ》かき（みそぎ）、神前への参拝のあとのシイラ切り神事がある。一般に真魚箸《まなばし》神事といわれるものであるという。シイラ切り神事のシイラが海の魚であることから、日本海側の若狭の文化的影響の強いことが予想されるのであるが、前記の朽木村唯一の能舞台における能の奉納は、毎年五月一〇日の例祭に若狭の能楽師によって行なわれている。この能の奉納は神殿が本殿に参籠している間に行なわれ、その後で、仮屋において氏子を含めた神事が行なわれている。

以上のように、宮座の遺制としての神事が、仮屋において正月と例祭の時に行なわれているが、氏子の家の農林業外就業による兼業化や生活様式の都市化によって、参加者は非常に少なくなっている。従って、年中行事の維持管理は困難になると考えられる。

一方、麻生地区においては、企業によるキャンプ場の開発整備などが進行しつつあり、農山村景観の変容がさらにすすむものと考えられ、鎮守の森の保存修景を含めた整備計画が必要であろう。その場合、地元農家の意見を計画に反映させる必要があることは言うまでもない。

7 迩々杵《ににぎ》神社

宮前坊の宮の前地区（かつての小字集落）は、朽木村の集落全体のなかでも特に空間的まとまりのある集落である。安曇川本流域の河岸段丘上に立地し、朽木村の中心集落である市場からは、安曇川の対岸、南東方向に典型的な農業集落景観として見ることができる。

このような集落としてのまとまりは、集落の中心軸となっている道路によって形成されていることがわかる。そして、その中心軸をなす道路から枝わかれしている道路に面して、多くの家が建てられているのである。

この中心軸となっている道路の南西の端に、集落の産土神である迩々杵神社が位置している。従って迩々杵神社から見れば、正面からまっすぐ伸びた道路の両側に家々が立地し、その北東の端に御旅所が設けられていることになる。

しかし、神社境内は比較的樹木が少なく、参道空間としての景観構成は必ずしも充分とは言えない。また、背面の樹木も、樹齢の少ない杉林であり、鎮守の森としての景観構成はなされていない。ただし、一の鳥居、二の鳥居があり、拝殿や玉垣があって迩々杵神社、河内神社の本殿があるという境内構成は、朽木村においては、針畑の大宮神社と同じように農村集落における神社の典型例といってもよいのである。そして、前記の御旅所の存在も、唯一の例である。

『朽木村志』によると、迩々杵神社は野尻の山神神社とともに、朽木谷の総社のようにいわれているらしい。朽木村の神社には、その神社がいつごろから祀られるようになったか不明のものが多いが、迩々杵神社については、その社伝によると貞観年中（八七六―八九五年）とされており、延喜式神名帳には記録されていないが、その実際の撰進年代延長五年（九二七年）より以前ということになる。

また、朽木氏が領主として支配するようになってからは、朽木氏の氏神である河内神社をも合祀している。

このような歴史的背景から、この神社にはいくつかの民俗的行事が残されている。その一つは、朽木村では能家の山神神社とここの二カ所しかない神輿の渡御である。毎年五月一〇日の例祭には二基の神輿の渡御が集落の中心軸となっている道を通って御旅所まで行なわれるが、この神幸式（渡御のことを、このように呼ぶこともある）も現在ではかなり簡略化されている。

さらに、かつては、神輿の渡御のあと、流鏑馬《やぶさめ》が行なわれていた記録があるが、現在では、行なわれていない。また迩々杵神社の御田鋤《みたす》き行事も、流鏑馬のあとに行なわれていたが、現在はない。この迩々杵神社の年中行事と維持管理を支える氏子組織については、朽木村の他集落同様に宮座の遺制が残されているが、氏子の家の多くが兼業農家となり、生活様式が著しく変化したため、神社の維持管理や年中行事の簡素化がすすんでいる。

集落を構成する戸数については、針畑地区ほどの著しい減少はみられないが、農林業以外への就業の増加によって共同体としての集落の構成は崩壊しつつあり、それが年中行事の簡素化や、神社の維持管理の困難化をまねくことが予想される。

また集落景観の変容も進行しつつあり、鎮守の森を含めた修景保存計画が必要である。

迩々杵神社中門本殿

伊吹神社参道および本殿

8　伊吹神社

朽木村の支流、針畑川、北川、麻生川を合流する安曇川が琵琶湖にそそぐ安曇川町から川に沿ってさかのぼり、朽木村に入ってすぐさしかかるのが下荒川であり、それと背中あわせのようにして立地しているのが上荒川の集落である。

この上荒川集落の西の端に、産土神としての伊吹神社がまつられている。集落が安曇川を南として南面して立地しているためか、伊吹神社の参道は集落の東西軸と一致しているが、神社の本殿も仮屋も軸とは直角に南面して立地している。

ところが、朽木村では、他にも能家の山神神社や雲洞谷の日吉神社でもみられることであるが、屋外では、本殿の前に立つと本殿がまったく見えなくなるような仮屋が本殿の前に設定されている。従って、集落から参道をアプローチしてくると、右側に杉の樹林を見て、正面の仮屋に向って歩いてくることになる。

このような境内の空間構成は、前記の能家や雲洞谷の神社と同様に、仮屋のはたす役割や、仮屋での集落行事の重要性をあらわしているとも考えられる。

伊吹神社で、もう一つ特徴的なのは仮屋が妻入り形式であることと、仮屋から本殿へは完全な廊下が設けられていることである。このことは、やはり、仮屋での集落行事の重要性と、その神事としての意味の重要性を示しているものであろう。

参道の南側には、新しく荒川集会所が設けられているが、もともとは水田であったと考えられるし、また仮屋の南側には、整地と広場化がすすめられているようである。このようにみてくると、伊吹神社は、上荒川地区における集落景観上の重要性よりも、かつて存在し、現在もその遺制を残している宮座行事の場として、集落の人々の生活や社会構造と密接に関連していたことが推察されるのである。そのような生活や社会構造維持活動の具体的展開としての民俗行事については、仮屋の空間構造とともに詳細に調査記録されている。

伊吹神社の仮屋の特徴と民俗行事については、『朽木村志』や『朽木谷民俗誌』に詳しく記録されている。仮屋における神仏混淆の遺物や、仮屋内での着座の慣習と集落社会構造との関連、交替神主制、祭祀組織としての宮座の氏子に入れてもらうための十八振舞の様子などである。さらに桂祭（神社の祭に桂の木を用いる）、弓射式などの民俗行事が記録されている。

以上、伊吹神社の産土神としての特徴と集落構造の中での重要性について述べたが、人々の生活が農林業から離れて、兼業化が著しいことから、神社の重要性意識が弱くなり、維持管理の困難と荒廃化が予想される。集会所利用や子供の遊び場としての整備を含めて、保存修景が必要であろう。その場合には、南側を流れる安曇川河岸の広域的レクリエーション利用の動向や可能性をも含めて検討すべきであろう。また上荒川の集落景観そのものも大きく変容する可能性があり、今後の保存修景方法の検討が必要である。

9　志子淵《しこぶち》神社（岩瀬）

朽木村においては、川の神系の職能神としての志子淵神が祀られている神社がいくつかある。志

志子淵神社

八幡神社

子淵神は筏師の職能神であり、朽木の杣以来の山村としての性格を代表する神社といえよう。

昭和初年の小牧実繁『民俗見聞記』*によれば、安曇川筋の各所に志子淵神社があるが、下岩瀬は筏流しも一部であるとされており、岩瀬の志子淵神社は、産土神として特に強く志子淵神を祀るものではないと考えられる。

岩瀬の集落空間構造は街道集落型であり、その北東の端に志子淵神社が位置している。本殿は東向きに建てられており、街道からは本殿が見えず、仮屋がみえるのみである。

本殿前境内には小さな広場があり、拝殿との間には玉垣が設けられているが、管理は決して充分

＊　1969年３月発行

ではない。境内林も少なく、管理がなされていない。これは氏子戸数規模が小さく、農家の兼業化が著しいことも影響していると考えられる。

10　八幡神社（木地山）

朽木村における奥地の一つ、麻生川の奥に立地する集落が木地山である。木地山は、その名が示すように、もともと木地師の集落であり、約一〇戸の小さな集落であった。現在では過疎化が進行し、夏季居住六戸、冬季は居住者がいない。

この木地師の氏神としての惟喬親王を祀っているのが八幡神社であり、集落を見おろす高台の林の中に祀られている。鳥居は、朽木村では少ない八幡形式の木造鳥居であり、本殿は木地屋根源地としての小椋谷の方向を向いている。境内を構成するものは、本殿、鳥居と仮屋のみであり、きわめて小規模の鎮守の森の例で、維持管理の困難はいうまでもない。

11　山神社（柏《かせ》）

農山村としての朽木村には、山の神系の神を祀る神社は多く、中牧の大宮神社や木地山の八幡神社もその例である。

そこで、特別の氏神を有しない小規模の神社として柏の山神社を調査した。この神社は、上柏の八戸のみによって祀られているが、比較的良く維持管理されている例である。五月、六月、一〇月に総マイリの日があり、その前に各戸一人の参加による掃除がある。

大川神社

山神社

この上柏には宮座の制度がなく、交替の神主制度のみがあり、神主は現在でも年間六〇日以上のマイリがあるといわれる。

神社の前の山は砂利採取のため削られ、現在は放棄地となっている。そこに、神社正面からの参道が設定されているが、景観的評価は低い。特に境内地としての規模は小さく、本殿、仮屋、鳥居、ノボリタテのみによって構成されている。特別の祭礼もない。

12 大川神社

朽木村で式内社と伝えられるものの一つである。

針畑地区の最奥地の生杉集落は、茅葺農家による農山村集落の景観を残している典型的集落である。

この大川神社は、その生杉集落の西北端に祀られているが、林の中に見える一本のイチョウの木によってのみ、その位置を確認できるほど小規模で素朴な産土神である。今では、周辺の農道の草刈りなども行なわれないらしく、アプローチの方向がわからず、しかも途中の小川を渡る橋も一本の丸木橋であった。中牧の大宮神社の末社に大川神社が祀られているので、いつ頃かは不明であるが、合祀されたものと考えられる。

従って、神社への参拝も、管理も大宮神社の神殿（コウドン）、宮管理（ミヤカンリ）のうち、生杉居住のものが担当している。一月と六月に祭があるが、特別の行事はない。

鎮守の森調査カード（I）

県	市町村	No.	調査期日	調査者		総合評価
滋	朽木	1	昭57年3月20日	氏名 T．Y	所属 A	75/120

一般事項

名称	若《わか》宮《みや》神社	通称・俗称	ウジガミサン、オミヤサン、ワカミサン
住所	朽木村大字麻生	前住所	——
所有者	——	管理者	ミヤガカリ
宮司	コウドン	法人格	有・㊒無
社格	(旧) 村社	延喜式内社	記載・㊒無

縁起来歴	不詳（氏子のあいだにも説なし）
祭神	仁徳天皇、日本武命
摂社・末社	摂社 末社 神明神社（皇大神宮）、八幡神社（応神天皇）、山神神社（大山祇命）

周辺環境と社域

法規制関係	都・計区域外
陸標認知半径	100 m
社域面積	17,714.4 ㎡

周辺環境（土地利用・集落との位置関係等）

〈社域の構成〉

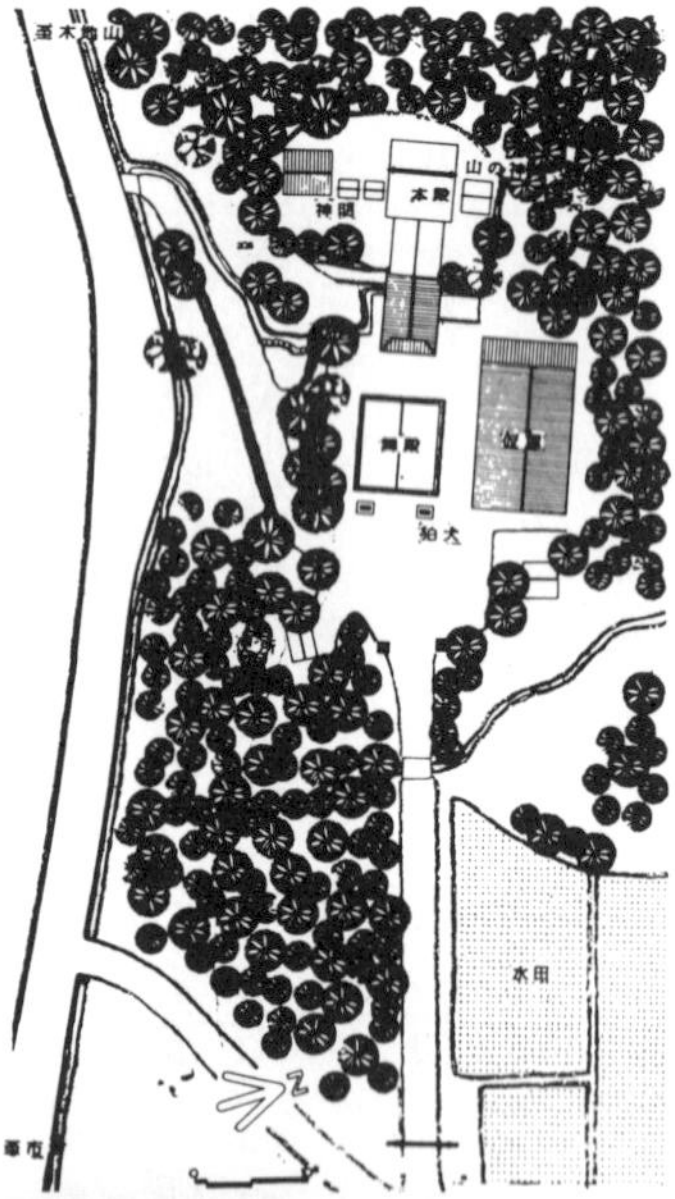

15	評価	鎮守の森が残されている。

参道

規模	幅員 2 m・延長 30 m	一の鳥居 主要な鳥居	様式 明神　材質 石　規模 H＝4 m
主要構成要素	石塔、鳥居、燈籠、狛犬		
御旅所 御輿の巡行構成	——		
改変状況等	——		

10	評価	杉林が形成されている。

社殿建築

規模 創建年代 形式 建築資材 改築状況	本殿　木造板葺流造　建坪　14.45 ㎡ 拝殿　木造瓦葺平屋建　建坪　14.85 ㎡ 能舞台　木造銅板葺平屋建　建坪　24.75 ㎡ 文政元年　本殿を再建

10	評価	朽木村では唯一の明確な舞台が残されている。

鎮守の森調査カード（Ⅱ）

若宮神社

樹林・その他の自然

標高	～200 m	微地形	平坦地	水相	境内内に小水路がある。
風当	(強) 中 弱	日当	(陽)・中陽・陰	動物相	——
土壌 腐植	腐植層の形成は比較的良好である。			樹林面積	約1.0 ha
樹林 名称	スギ（H＝20～15）の人工林			その他	——
樹林の特徴	スギの人工林で樹高は20～15mのものと、10～15年生のものがある。本殿南側にはシイ、アラカシ、ヤブツバキ等常緑広葉樹を含む。				
樹林構成と出現種					
保存利用状況	特にナシ。				
古木・名木大木の状況	樹高20m程度のスギとイチョウ（C＝400）				
10 評価	スギの人工林で植生的に評価できるものは少ない。				

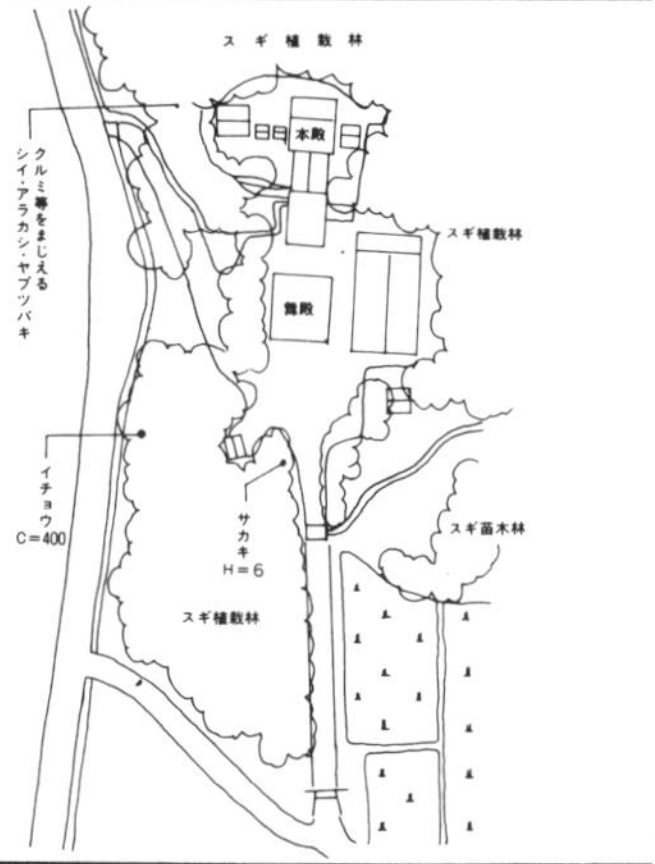

文化財

祭礼 年中行事	例祭 5月10日 元旦祭 祈年 2月17日（春祭） 新嘗 11月23日（秋祭）	遺跡 美術工芸品 伝統技術 伝承芸能 説話等	中世いらいの宮座の遺制、交替神主制、元旦祭（垢離かき、シイラ切り神事、三献の儀）、能舞台、五番能奉納。
指定文化財	大般若経（村教育委員会登録）		
10 評価	個有の民俗行事が残されている。		

氏子等の支援組織

名称	——	代表者	ミヤガカリ	活動内容および活動性（奉仕活動）	年2、3回の年中行事と、その前の掃除以外の活動は著しく減少している。
規模	氏子数73戸				
組織の構成	麻生集落農林家により構成され、コウドノ、ミヤガカリともに交替制である。各戸1名の代表による宮座の遺制。				
5 評価	過疎化による活動の衰退。				

利用状況

周辺住民の利用	年中行事以外の利用は少ない。	広域的民間利用	な し。
		地域共同体との関わり	宮座の遺制としてのかかわりは強い。
5 評価	例祭への参加も少ない。		

一般的価値評価

自然的価値	山村の植栽林として評価できる。	特記事項	民俗行事と、境内樹林。
文化的価値	民俗芸能。 民俗行事、能舞台などの学術的価値は比較的高い。		
環境的価値	比較的大きい境内樹林。		
社会的価値	集落の中心としての空間的、精神的位置を示す遺産として。また、集落活動の中心として重要。	将来予測と提言	過疎化による支援組織の弱体化が予想されるので集会所、子供の遊び場として、修景、保存が必要。
10 評価	利用の減少が著しい。		

鎮守の森調査カード（I）

県	市町村	No.	調査期日	調査者		総合評価
滋	朽木	3	昭57年3月20日	氏名 T．Y	所属 A	80/120

一般事項				
名称	迹《ニ》々《ニ》杵《ギ》神社	通称・俗称	オミヤサン
住所	朽木村大字宮前坊289番地	前住所	——
所有者	——	管理者	ミヤグラ
宮司	コウドン	法人格	有・(無)
社格	旧郷社	延喜式内社	記載・(無)

縁起来歴	貞観年中（876～895） 延喜式撰進（延長5年（927年））以前。
祭神	邇々杵命
摂社・末社	摂社 末社 河内神社（大己貴命、宇多天皇、敦實親王） 山神社（大山祇命）　八幡社（応神天皇） 天満社（菅原道真公）
陸標認知半径	300 m
社域面積	1,999.8 ㎡

周辺環境と社域

法規制関係	都・計区域外
周辺環境（土地利用・集落との位置関係等）	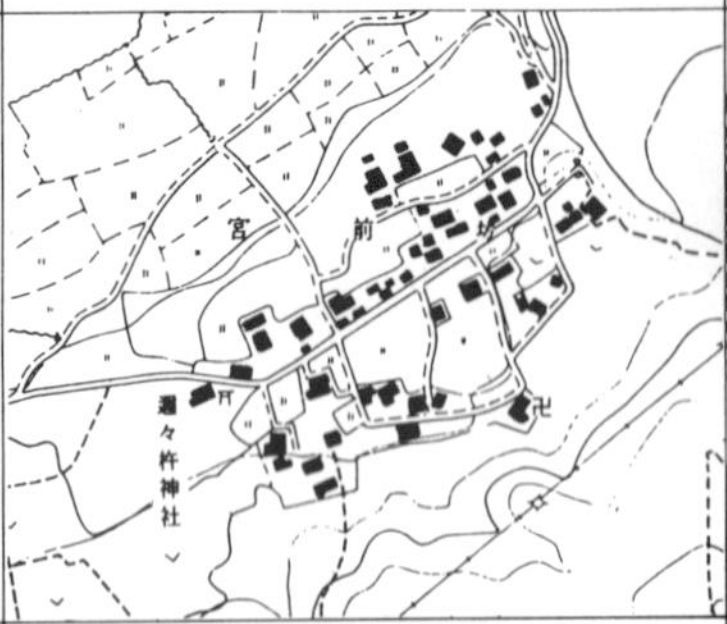
評価 10	鎮守の森としての保全は十分とはいえない。

（社域の構成）

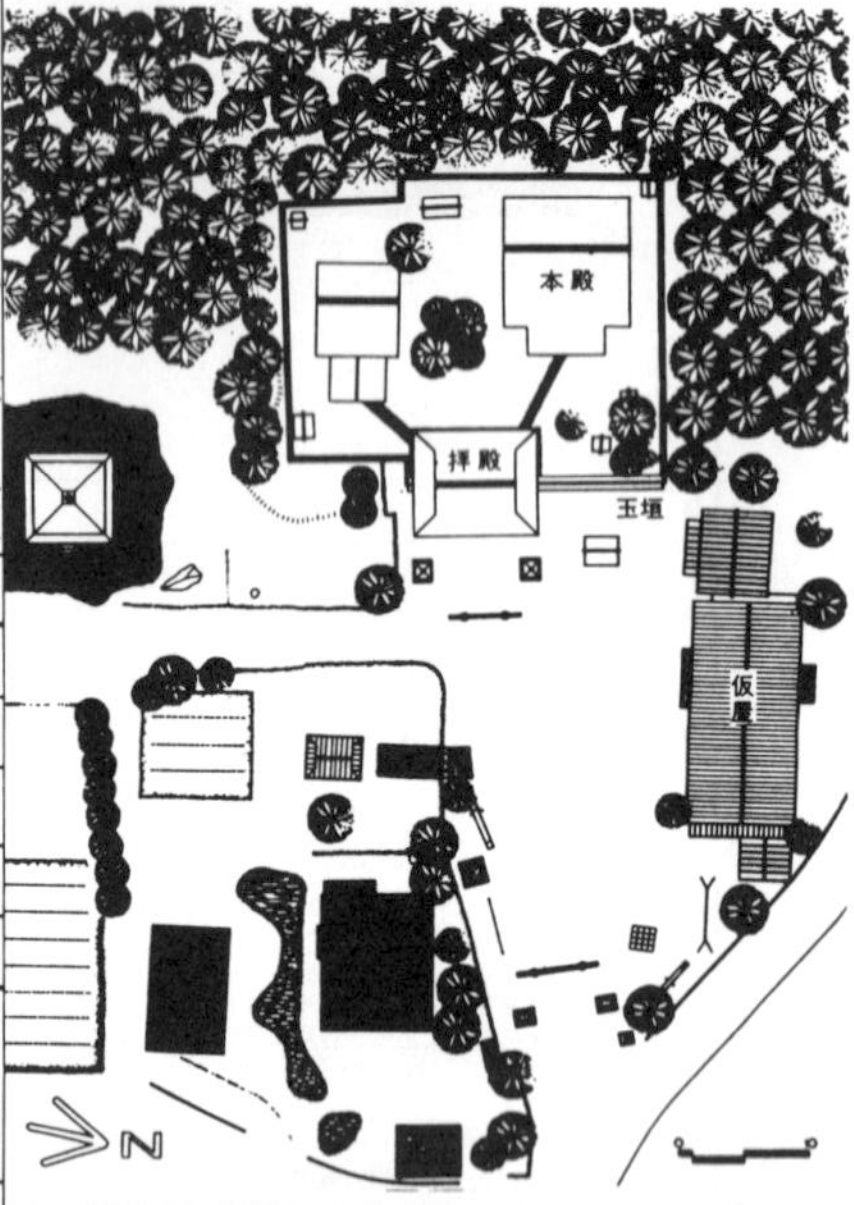

参道

規模	幅員 5 m・延長 30 m	一の鳥居 主要な鳥居	様式 明神　材質 石　規模 H＝4 m
主要構成要素	鳥居、狛犬、燈籠、石塔		
御旅所 御輿の巡行構成	250メートル北東に御旅所		
改変状況等	児童遊具の設置による遊び場化		
評価 10	樹木が全然ないが、御旅所が評価される。		

社殿建築

規模 創建年代 形式 建築資材 改築状況	本殿　木造板葺流造 社殿　木造銅板葺流造 拝殿　木造板葺平屋建 拝殿　木造桧皮葺流造	16.5 ㎡ 52.8 ㎡ 13.2 ㎡ 19.8 ㎡

評価 15	拝殿、玉垣などの構成は評価される。

鎮守の森調査カード（Ⅱ）

週々杆神社

区分	評点	項目	内容	項目	内容
樹林・その他の自然		標高	～200 m　微地形：山麓緩斜面地	水相	——
		風当	強　(中)　弱　日当：(陽)・中陽・陰	動物相	——
		土壌腐植	腐植層・草本層の発達は比較的良好である。	樹林面積	約0.1 ha　社叢は周囲の山林に続く。
		樹林名称	スギ林	その他	——
		樹林の特徴	樹林地は本殿背後にあるのみであるが、これは人為的に植栽したスギ林である。スギ林の中にアラカシの大木が目立つ。		
		樹林構成と出現種	右図参照		
		保存利用状況	特にナシ。		
		古木・名木大木の状況	本殿の両側にアラカシ（H＝25、18）の大木がある。		
	10	評価	社叢は周囲の山林と変りはないがアラカシの大木（H＝25・C＝280、H＝18・C＝314等）は比較的評価できる。		

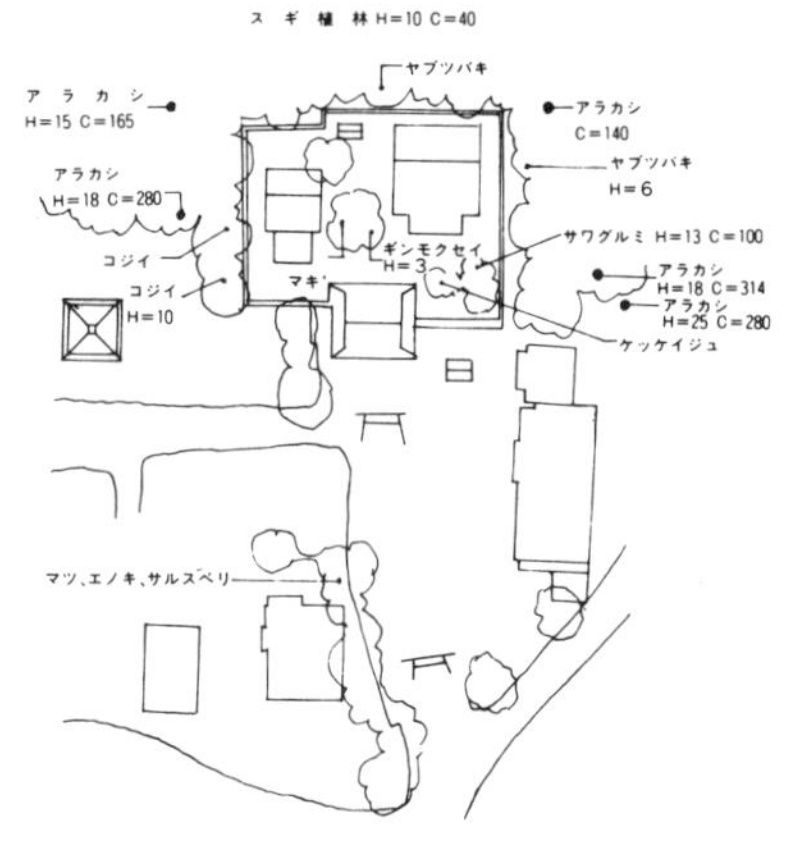

区分	評点	項目	内容	項目	内容
文化財		祭礼年中行事	例祭　5月10日 新年　2月17日 新嘗　11月23日	遺跡 美術工芸品 伝統技術 伝承芸能 説話等	多宝塔、木造釈迦如来坐像、石造灯籠、石造狛犬、御輿2基
		指定文化財	大般若経六百巻他（村教育委員会登録）		
	10	評価	村としての文化財資料が多い。		
氏子等の支援組織		名称	——　代表者：ミヤグラ	活動内容および活動性（奉仕活動）	野尻の山神神社とともに、朽木谷の惣社のようにいわれている。維新まではこの両者の宮座の座象をムロトと呼び、その本宮の河内社に勤仕するものをホンムラ、本社の十禅師に勤仕するものをシムラという。 活動（とくに例祭などの年中行事の）性は、よく維持されている。
		規模	氏子数53戸　崇敬者数30人		
		組織の構成	コウドン－ミヤグラ－氏子（イエ単位）の構成		
	10	評価	比較的よく維持されている。		
利用状況		周辺住民の利用	集落の中心軸上にあり、子供の利用が比較的多い。	広域的民間利用	少ない。
				地域共同体との関わり	集落の中心に位置し、共同体とのかかわりは、現在でも一応は認められる。
	5	評価	積極的に評価できるものはない。		
一般的価値評価		自然的価値	——	特記事項	朽木村で数少ない御輿と御旅所による祭礼。
		文化的価値	境内構成が特徴的（2社並存）。 民族学的資料は少なくない。		
		環境的価値	——		
		社会的価値	朽木村の氏神としての位置。	将来予測と提言	集落としてのまとまりは、生活様式の変化によって弱くなっていくと考えられるが、年中行事や神社の維持には問題は少ないであろう。
	10	評価	過疎地の神社としてはまずまずの評価ができる。		

町の社――山地部

1　はじめに

木之本町は琵琶湖の北東部に位置し、人口一万八〇四人、面積八八・六三平方キロメートル、伊《い》香《か》郡の中心地である。

北東部は、余呉《よご》町から岐阜県に連なる山岳地帯で、横山岳・土蔵岳・己高山《こだかみさん》など一、〇〇〇メートル前後の山があり、町の八五パーセントは山林で占められている。土蔵岳に源を発する杉野川と余呉町から流れ込む丹生川とが川合で合流し、高時川となって南隣りの高月町へ流れるが、それぞれの谷沿いに集落が点在する。

西部は、琵琶湖に沿っており、賤ケ岳から東浅井郡湖北町の山本山に連なる丘陵が琵琶湖への視界をさえぎり、その山麓を余呉川が南流している。田上山と湧出山の間は沖積平野で、美田が広がり市街地もここにある。北国と畿内を結ぶ北国街道と北国脇往還が当町域で分岐しており、また東海道への交通上の要衝として古くから開けていた。

原始・古代においては、古橋から川合にわたる高時川中流域に縄文時代の遺跡が、賤ケ岳山麓の大音《おおね》には弥生時代の遺跡がある。古墳時代の遺跡も古橋、川合、石道、小山、大見にあり、賤ケ岳から湖北町山本山に至る山陵上に多くの古墳群がみられる。

律令制下の当町域は伊香郡に属し、揚野、伊香、大社などの諸郷があり、また条里遺構が千田、田部から高月町にかけて残っている。

当町域に仏教文化が伝播されたことも古く、大寺院も早く創建されている。伊香郡内最古の寺院は、己高山諸寺で、ひとつの仏教文化圏を形成していた。

平安後期には弘福寺領荘園の伊香荘があった。

鎌倉期になると黒田、古橋、杉野を含む伊香（中）荘が成立していた。その後、当町域は京極氏から浅井氏、賤ケ岳の合戦後は秀吉支配下の山内氏、黒田氏、石田三成らによって支配された。また、室町末期からは木之本での牛馬市がにぎわいをみせる。

江戸時代には金居原、杉野、川合、大見、古橋、石道、小山、高野、黒田、大音、飯之浦、山梨子、西山、赤尾、千田、木之本、南木之本、北木之本、広瀬、田部の村々があり、一部を除いて彦根藩領であった。また、木之本には本陣・脇本陣がおかれた。

木之本町では国土地理院発行の五万分の一地形図から拾い出せる神社は、表10、図18に示す二七社である。これらはほぼ現在の集落の分布と一致しており、一集落一社の姿を示している。

当町の神社の性格を特徴づけるものは、式内社の多いことで、現在確認しうるものとして一〇社ある。伊香郡の式内社は四六座という多きを数えるが、当町域にあったと思われるものに、伊香具神社（大音）、神前神社（石道）、大沢神社（黒田）、阿加穂神社（赤尾）、等波《とは》神社（田郡）、波弥《はみの》神社（飯之浦）、椿神社（小山）、佐波加刀《さわかと》神社（川合）、与志漏《よしろ》神社（古橋）、布勢立石《ふせたていし》神社（赤尾）、石作神社（千田）、玉造神社（千田）、意富布良《おおふろ》神社（木之本）、伊波太岐《いわたき》神社（古橋）、黒田

番号	名称	住所	敷地面積㎡	法人格	旧社格（式内社）		文化財等
1	八幡神社	金居原1319	441	○	村社	品陀和気命	—
2	八幡神社	杉野					—
3	横山神社	杉野413	741	○	村社	大山津見尊	—
4	六所神社	杉本607	416	○	村社	倉稲魂命	—
5	八幡神社	音羽274	120	○	村社	本多分ノ尊	—
6	与志漏神社	古橋1102	1,110	○	式内 郷社	神速須佐之男命	—
7	大見神社	大見753	545	○	村社	神速須佐之男命	(重彫)木造素盞嗚命坐像〔鎌倉〕(重彫)木造女神坐像〔鎌倉〕
8	—	大見					
9	佐波加力神社	川合1277	389	○	式内 村社	日子座王，大俣王 小俣王，外五柱	(重彫)木造御神像八軀〔鎌倉〕日子坐王坐像，大俣王坐像，小俣王坐像，志夫美宿祢王坐像，沙本毘古王坐像，袁邪本王坐像，佐波遅比売命坐像，室毘古坐像
10	大沢神社	黒田1783	645	○	式内 村社	国常立尊 天照皇御社	—
11	黒田神社	黒田1697	368	○	式内 村社	大己貴命 素盞嗚命	—
12	八幡神社	飯浦511	1,040 88	○	村社	瓊々杵命 誉多別命 倉稲魂大神	—
13	八坂神社	西黒田					—
14	伊香具神社	大音688	1,587	○	式内 県社	伊香津臣命	—
15	金光教木之本神社	木之本1002					—
16	意富布良神社	木之本488	1,625	○	郷社	素盞男尊	—
17	八幡神社	田居254	318	○	村社	誉田和気命 菅原道真公	—
18	八幡神社	西山873	513	○	村社	本田別命	—
19	伊香具坂神社	布施3-6	833	○	村社	天種伎命 誉田和気命	—
20	若宮八幡神社	布施199		○			—
21	阿賀穂神社	赤尾603	443	○	式内 村社	豊受大神	—
22	有瀉神社	山梨子1	307	○	村社	天照皇大神	—
23	布勢立石神社	赤尾793	429	○	式内 村社	意富々杼王 大山咋命	—
24	石作玉作神社	千田793	1,053	○	式内 県社	天火明命 玉祖神外三柱	—
25	等波神社	田部6-1	446	○	式内 村社	仲哀天皇 神功皇后	—
26	神前神社	石道984	511	○	式内 村社	素盞嗚尊	—
27	八幡神社	小山62	552	○	村社	広神天皇	—

表10　木ノ本町内における神社一覧

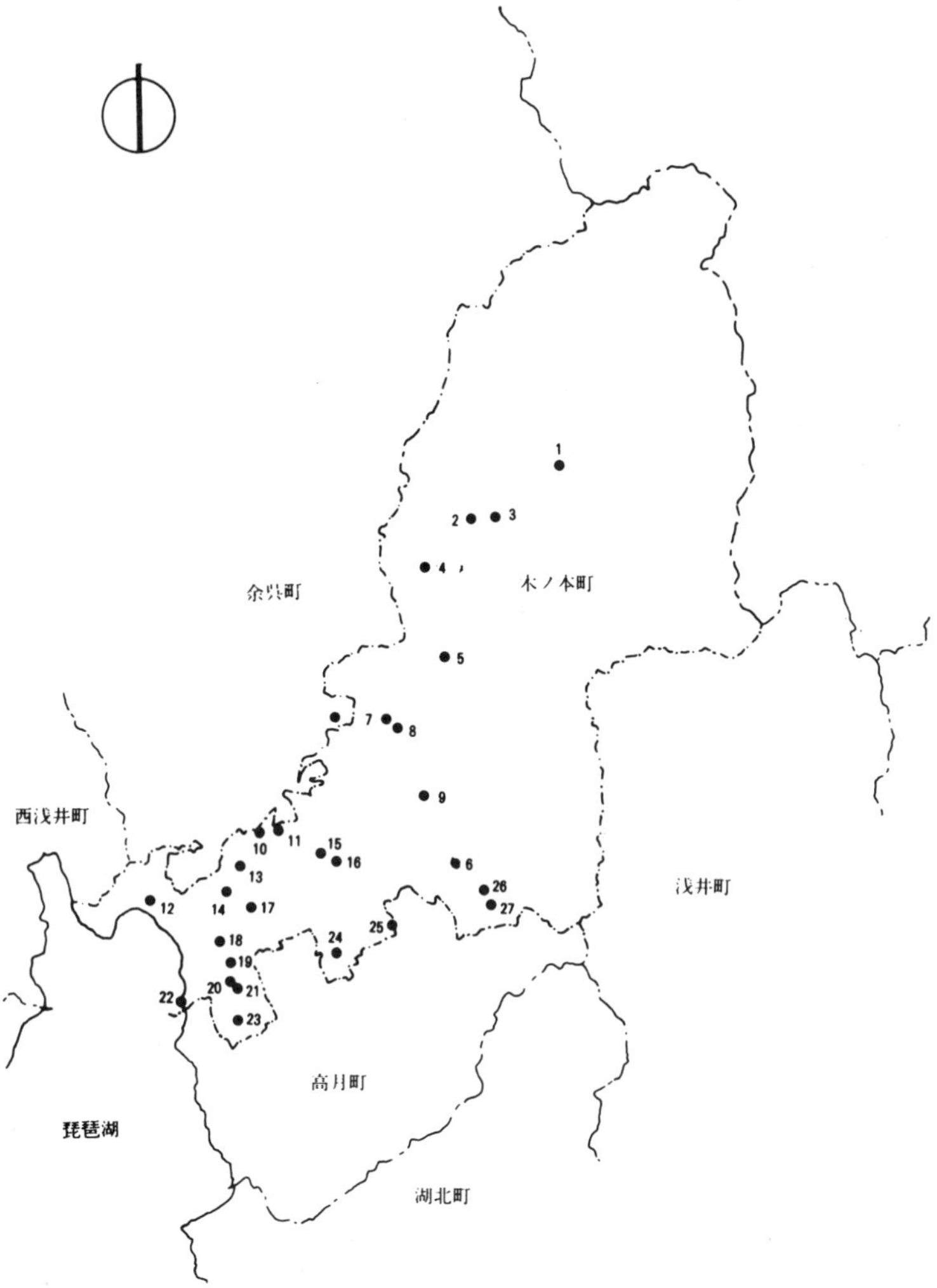

図18　木ノ本町における神社の分布

神社（黒田）、意太《いた》神社（大音）の一六座であり、伊香郡内では、高月町についで多い。

なかでも伊香具神社は、郡内第一の名神大社であり、当神社の存在は郡名と密接な関係が推測され、古代における伊香郡の中心地であったと思われる。

また、当町域のみならず湖北地方の神社では、早春（二・三月）に神事として「おこない」がなされるのが特徴としてあげられる。

2　与志漏《よしろ》神社

木之本町の南端、南流する高時川東岸に位置し、己高山から始まる細い丘陵が、古橋の集落で終わる高台に当社は位置している。

式内社に入る古社で、旧社格でいう郷社である。祭神は淡海の臣が守護神として素佐之男命を奉祀し、後にその臣の始祖波多八代宿禰命を合祀したものといわれる。

当社は、平安中期に己高山中に開かれた真言宗豊山派鶏足寺とのゆかりが古く、境内にはその仏教文化の名残りをしのばせる社坊戸岩寺（薬師堂）が残されている。また鶏足寺など己高山の諸廃寺の文化財は、当社本殿左手の隣接地の総合収蔵施設「己高閣」に保管されている。

参道は、集落内の道から細く延びた丘陵を北へ直線的に登るように構成されており、境内地に近づくほどその幅が広くなる。参道入口左手には道標「右己高山観世音道　是より一里五丁」（明治一四年）がある。集落内の道から急な石段を登るが右手には、『古橋区有文書』の保管されている公民館、倉がある。この付近から参道は芝道になり両側に桜が植栽されている。さらに奥に進むと広い境内地になり、水盤舎、社務所、鐘楼、薬師堂がある。その背後は石垣で区切られた一段と高い敷地となっており、拝殿・本殿がある。

本殿は、流れ造り二坪で中門から屋根つきの渡り廊下をもっている。本殿を取り囲む竪連子・屋根付きの透塀は近年修復され新しい木肌をみせている。境内地の右手側は「己高閣」のある広場と連続しており、また拝殿右手には石仏群をまとめた一画がある。また拝殿右側は己高山への道をはさんで水田地が拡がりやや荘厳さに欠ける。

与志漏神社の芝道がつづく参道の景観

与志漏神社の拝殿と本殿

境内の左手の丘陵斜面には、スギ、ヒノキが植林されているが、部分的にはシラカシ林が残存している。社務所のある境内と参道の接点付近の丘陵台地部はアカマツや植栽されたサクラの疎林となっている。

当社の氏子は古橋地区一五〇戸約五〇〇人で、四月三日の祭礼の他、三月八日に「おこない」の神事、川合地区の佐波加刀神社と同様な野神行事、灯明行事がおこなわれている。

境内戸岩寺薬師堂には、飯福寺本尊薬師如来坐像、戸岩寺法華寺の十二神将二群二四体、日光・月光菩薩、多聞天、持国天外が安置されている。これらは己高閣と同様に古橋区長の管理により村人の有志世話人が交替で守っている。

3　佐波加刀《さわかと》神社

木之本地区の北東約二キロメートル、高時川と杉野川が合流する地点に、川合地区がある。佐波加刀神社は川合地区約一七〇戸を氏子とする神社である。

当社は延喜式内の古社で祭神は開化天皇の皇子（日子坐王）である。これを裏づけるように本殿を取り囲む透塀の中門には、木彫りの菊の御紋がつけられている。日子坐王の母の弟、伊香色雄の伊香は、伊香郡の伊香にあてることができ、本郡と深い関係があるものと考えられている。当社にある日子坐王をはじめとする祭神坐像八体は、鎌倉時代の作で、明治三四年に重要文化財（彫）に指定されている。

参道は、高時川右岸の集落内の公道からやや奥まった専岳寺山門の脇から始まる。一ノ鳥居からは本殿へ向けて、やや折れ曲がりながらもほぼ一直線の、途中に階段をまじえる斜路が続く。この斜路は、残念ながら最近コンクリートはけ引き舗装になっている。また、参道の途中まで左手に民家が建ち並ぶため、並木等の大木はなく、やや品格が落ちる。右手に隣接する専岳寺を通過すると、右手に鐘楼、水盤舎のある広場の横を登ることになる。この広場は、片側にネットフェンスが設けられ、また遊具も置かれてあり、平場の少ない山間地の集落地にとっては、数少ない子供の遊び場（グラウンド）となっている。ここから拝殿や本殿のある平坦な境内部分は一段と高くなっており、参道は野面積《のづらづみ》の階段であがることになる。また、そこには神仏混淆の名残りとして本殿左手には薬師堂が置かれている。

佐波加刀神社の拝殿とスギの大木

佐波加刀神社本殿

佐波加刀神社拝殿

本殿建築は小規模な神社にしては比較的りっぱであり、特に唐風の中門をもつ透塀で囲まれた本殿は嘉永三年に再建されたもので、当社にまつわる歴史がしのばれ、風格がある。当社は江戸時代には彦根藩の崇敬があつかったといわれている。

本殿等のある境内地の背後及び右手は急斜面をもって背後の山林に続くアカマツ林となっている。境内地で目を引くのは、本殿左手のスギの大木（樹高三五メートル、幹廻り三・五メートル）で、五〇〇年以上を経ていると思われる。

その他、境内地でまとまった樹木群があるのは、拝殿南側の法面部分で、ヤブツバキ、シラカシ、ヤマザクラ等から構成されている。その右手のグラウンドの北側にあたる部分はモウソウチクの林となっている。

祭礼には「湯の花行事」、八月一八日の松明行事や太鼓踊を伴うにぎやかな野神祭が広く知られている。

4 伊香具《いかぐ》神社

国道八号線を敦賀に向かって走ると、古戦場賤ケ岳の山麓に、へばりつくように大きな鳥居とスギの大木によるこんもりと茂った森が見える。森の左手には隣接して水上勉の小説「琴の湖」で有名な大音の集落がある。

当社は、『延喜式神名帳』に記載された伊香郡内四六座中唯一の神社で、祭神は、この地方の道祖神、伊香津臣命、創建は白鳳六年である。旧社格は県社、社域面積は六、〇二九平方メートルである。

後に連なる山は伊香胡山と呼ばれ、古くは山岳信仰の霊場で、鎮守はそのシンボルとして建立されたという。また余呉湖の羽衣伝説に出てくる漁師、伊香刀美は伊香連であるといわれている。天正一一年（一五八三年）の賤ケ岳の合戦のときは戦火に巻き込まれ、社殿も灰になり、このとき記録なども全部焼失した。いまは長い間の口伝のみが同社の由来を伝えている。

水田地の中を大鳥居から始まる桜並木のある参道は、約一三〇メートルあり、山麓に横長い境内地へ続く。

伊香具神社の桜並木のつづく参道

スギの大木群の中の伊香具神社の本殿

境内地には、拝殿、本殿、社務所、倉等の他、新しく郡内の戦没者を合祭した伊香招魂社の社殿が建てられている。拝殿は茅葺で古さを感じさせる。本殿は流れ造り（四坪）で竪連子・屋根付きの透塀で囲まれているが、透塀の中門は茅葺屋根の上に千木の乗った平入門で滋賀県内では珍らしい。

境内全体にはスギの大木が多いが、シイ、シラカシ等の自然林構成種もみられる。社殿背後の山中には、部分的にシラカシ林が成立しているが、多くはアカマツ林である。

当社の運営は大音集落百戸の氏子の手で行なわれるが、氏子総代三人が中心となる。氏子等の当社を中心とする活動は活発で、四月六日の春祭、八月末の灯明祭、二月二四日の「おこない」など地区民でにぎわう。

その他、舞楽の復活、参道の植樹、また、伊香招魂社の慰霊祭の日は、すぐそばの賤ケ岳の山開きで、その後境内広場で漫才や演芸のアトラクションもあり、当社が地元の人々の生活に溶け込んでいる。

5　意《お》富《お》布《ふ》良《ろ》神社

当社は、木之本地蔵で有名な浄信寺のある木之本地区の北端、田神山山麓にある式内社であり、社伝では天武天皇白鳳四年の創祀とある。大正一四年には県社となった法人格を有する神社で、地元の人々からは「大洞の森」と呼ばれている。

湖北地方は観音信仰が厚く、当社には伊香三十三ケ所観音霊場の一番札所である田神山観音寺が本殿の隣りにあり、神仏混淆の名残りもみられる。

　本殿背後の田神山山腹の社有地山林内には、道筋に地蔵の並ぶ周遊道が一周している。参道の入口には、大鳥居とともに花崗岩造りの高さ一・五メートルのりっぱな太鼓橋が目を引く。参道の両側には、桜並木と灯籠が並ぶが、その途中の右手には、地区の人々の手でつくられた会議所がある。さらに進んで二の鳥居をすぎると、右手には小広場があり、その一画には遊具が置かれ子供の遊び場があり、いつも子供達が遊んでいる。その左手には水盤舎・東屋、社務所がある。さらに奥に入り三の鳥居の先は一・五メートル程度高くなっており、拝殿や本殿、田神山観音寺、鐘楼、末社等

意富布良神社参道入口の太鼓橋と鳥居

意富布良神社の本殿と祝詞殿

が建ち並ぶ神域になる。

境内の構成は、一の鳥居から本殿まで直線的になっており、本殿の背後は田神山へ続く山林となっている。

当社は木曽義仲をはじめ、京極宗意など地方武士の崇敬も厚く、拝殿横には「武将兜拝石」が残されている。

当社の氏子は、木之本地区約九五〇戸、三、〇〇〇人でやや大きい。氏子総代六人が十数人の宮世話の協力を得て運営しており、その活動内容は活発である。先に述べた区会議所や子供の選び場の建設、境内の樹木の補植、田神山観音寺本堂の改築計画、神社での神前結婚や披露宴をできるようにするなど。また、地元老人クラブ（三五〇人）による社有林内でのマツタケ山の開設、境内内の遊び場のお守り役や境内の毎日の清掃などもある。九月一四日におこなわれる灯明祭では、老若男女により深夜まで踊りが続く。

このように、当社を中心に地元の人々が一体となって当社を支援し、また、日常の生活の中で利用しているようだ。ひと昔前の鎮守の森を核とすると地域共同体の姿をここでは見ることが可能である。

しかし、単にそれは過去の伝統だけにのっとったものだけでなく、現代の生活にもなじむように、例えば灯明祭では区民が参加しやすいように、踊りだけは祭とは別に、土・日曜日を選んで開催するような工夫や改変を行なっているのである。

このような状況をみると、今後も当社が木之本地区の人々に「大洞の森」として将来まで親しまれていくことは確実であろう。

6　八幡神社

国道八号線が木之本で西へ分岐すると、県道飯之浦大音線になる。この道をしばらく進むと、余呉川を渡る。その橋の手前右手の余呉川沿いの水田地の中に、こんもりした森が見える。これが当社であり、このあたり一帯のランドマークとなっている。

祭神は誉田和気《ほんだわけ》命で、仲哀天皇の角鹿《つぬが》行幸の時、当地に御駐輦したその後に田居村の人々が当社

余呉川沿いの八幡神社の社叢景観

八幡神社の拝殿と本殿

を勧請したものと言われている。したがって、当社の氏子は余呉川を挾んで反対側の田居集落で、四五戸約二〇〇人である。

当社には参道はなく、境内地より約二メートル程度高くなった余呉川左岸の道路から階段で降りることになる。

境内地はほぼ正方形な平坦地で、中央に拝殿・本殿があり、その手前左手に社務所・水盤舎がある。本殿と拝殿は間を連結されており一体の建物となっている。社務所の手前一画には、遊具の整備された田尻児童遊園地がある。これは田居集落の人口からみてもあまり利用されていないようである。

社叢の樹林は、本殿と社務所にはさまれた一画のみにややまとまっているが、他は基本的に境内周辺部に疎林としてある。特に本殿背後は疎であり、また、拝殿左手は、境内地から疎林をとおして周囲の水田がよく見える状況にある。したがって、樹林保護の面で境界周囲に生垣等を設ける必要がある。

さらに境内には自然林構成種であるシイの古木（樹高一二メートル、幹廻り二・六メートル）があり、これを保存する意味でも林縁部の保護対策は必要とされる。

祭礼は四月六日、早春の二月一五日には湖北一帯に行なわれている「おこない」の神事がある。

7　若宮八幡神社

賤ケ岳から湖北町まで琵琶湖岸を南へのびる山地の東麓に北布施の集落があり、当社は、集落内の南北の道から別れて小さな谷筋を少しあがった位置にある。北布施には当社のすぐ北側に式内社である伊香具坂神社があり、祭神（誉田別命）、祭礼（四月一日）は同じである。

参道は集落内の道から直角に本殿のある山へ向かう。したがって、参道は登り道になるが、両側には民家やその庭が交互に展開する。参道はまたこれらの民家の日常の道であり、参道は灯籠が両側に並ぶだけの簡単なものである。しかし、この参道を逆に下るときには、前方に田園地や余呉川の桜並木の美しいシルエットを楽しむことができる。参道の終りは階段となり、水盤舎や拝殿のある境内に入る。水盤舎の水は本殿背後の谷筋から引いてきている。本殿はそこより一段高い位置にあり石垣で区切られている。その石垣の上には前面に透塀があるが、上の境内と下の境界を明示するのみで、本殿の三方を完全に取り囲んではいない。したがって、下の境内から本殿の妻側はよくみえる状況にある。

社叢は、スギの一〇〇年生程度の木立ちが主であり、神社周囲の山林もスギ・ヒノキ等の人工林が多い。

当社は以上述べてきたように、社域も大きくなく比較的簡素である。また、北布施の世帯数も四五戸と小さく、この集落にとっては式内社である伊香具坂神社の方が結びつきが大きいものと予想される。

当社の来歴は不詳であるが、祭神が田居の八幡神社（仲哀天皇が角鹿へ行幸した際に村人がその駐輦地に勧請した神社）と同じであることや、当社のすぐ南にも仲哀天皇の行幸の際に創建された阿加穂神社（境内に八幡神社が合祀されている）があることなどから、この地方一帯で仲哀天皇の行幸を記念して神社を勧請したことがあり、それらを八幡神社と称したものと推測される。したがって、当社もそのひとつであると考えられる。

若宮八幡神社参道よりひらける余呉川の景観

国道8号線により分断された石作・玉作神社の参道と境内

石作・玉作神社の本殿

8　石作・玉作神社

国道八号線を高島町から北上すると田園地の中の孤立峰・涌出山の手前に、こんもりとした樹林が見える。これが当社である。

延喜式神名帳に、石作神社・玉作神社として登載され石作連・玉作連の祖神を祀った社である。

社宝としてはその名が示すように勾玉・管玉・曲玉がある。大正一二年には県社に列格された。

当社のある千田は、慶長七年の『千田村検地帳』には字「石つくり」とありまた、古代には石作郷として伊香郡の経済・文化の中心地であったといわれている。過去には佐々木氏・浅井氏・井伊氏の崇敬が厚かったという。

社域面積は一、〇五三坪で、現在参道と境内地は国道八号線により分断されている。

昔は参道入口横を通る北国街道からアプローチするのが本来の姿だったと思われる。また、当社は二社を文明年間に合祀したものである。参道は約七〇メートルで両側に桜並木がつづく。参道の左手には民家があり、右手には入口付近に水田が隣接する他、新しく建てられた公民館、社務所がある。また、ブランコ等の遊具が置かれた一画があり子供の遊び場として利用されている。

境内地はほぼ正方形で平坦地であり、北を背にして拝殿、本殿（流れ造り一坪）の他、左手に末社、右手に神饌殿がある。本殿と拝殿は修復中のためか妻側に天幕が掛けられている。拝殿前の境内地は近隣の子供達の遊び場として利用が多い。

社叢は境内周囲にあるが、ケヤキの大木が樹冠を形成し、南側部分はそのような大木のみからなる。本殿の背後や東側はやや樹林があり、大木の下にシイ・タブ・ヤブツバキ・サカキなどの常緑広葉樹が暗い森を形成している。このような社叢は周囲の田園地からはランドマークとして目立った存在である。

当社の氏子は千田集落一一八戸で構成され、例祭は四月五日、早春の二月四日には「おこない」の行事が氏子等によっておこなわれる。

9　むすび

調査対象神社の調査結果をもとに、木之本町の鎮守の森の現況と評価について整理すると、以下のとおりである。ただし、これはあくまでも木之本町二七社のうちの三分の一程度を調べたのみで、ここでの結論に該当しないものがあることは当然予想される。

まず、鎮守の森とその立地する周辺環境との関連について述べると、当町における鎮守の森は基本的に山麓（丘陵地を含む）立地型と平地立地型に分けられる。前者は社叢が周囲の山林と連続しており、遠くからはその存在は目立ちにくく、緑地的効果は薄い。後者（玉作石作神社、八幡神社）は田園地の中にランドマーク的な景観をつくり出しており、緑地としての効果が前者に比べて大きい。

参道は、上記の二タイプと関連なく、あるものとないものがある。今回の調査対象地として取り上げたものでは、伊香具神社、与志漏神社のものが比較的良好であった。一方玉作・石作神社では、国道により参道が分断されているのが確認された。当社は、また参道右手で民家の裏側が隣接しており、現在ある参道並木の外側に生垣等による修景が必要と感じた。

社殿建築等では、今回の調査範囲内では指定文化財になっているものはなかったが、全般に歴史性に富む地域であるためか、風格のある建物が多いようである。また、境内に神仏混合の名残りとして寺院建築を含むものが、意富布良神社、佐波加刀神社、与志漏神社にみられた。

社叢については伊香具神社、与志漏神社に部分的なシラカシ林がみられた他は、スギ、ヒノキの人工林、アカマツ林というのが山麓型のものに多い。大木・古木については、スギ、ケヤキに評価しうるものが多い。全般に代表的な自然林構成種であるシイ・シラカシを単木的に含んでいる。平地立地型の玉作・石作神社、八幡神社では樹林の幅が薄く、林内へ立入なども予想されるため、林縁保護のための植栽が必要である。

鎮守の森を外部からおびやかす状況は、全般的にないようであるが、児童遊園地や公民館・会議所等の新しい建物の増加等、内部発生的なものをどう位置づけていくかは、今後の課題として指摘される。

氏子組織等の活動は比較的さかんであり、当町では鎮守の森を核とするひと昔前の良好なコミュニティ活動が、現在でも維持されているようである。特に氏子数の大きな意富布良神社には、それがいえるようである。

祭礼・神事については早春の「おこない」をはじめ灯籠祭、野神祭など共通したものも多く、湖北という一体性を今日でもよく継承しているように思われる。また、伊香具神社のように能楽を復活させているところや、意富布良神社のように祭礼を皆が参加しやすい日に設定するなど、現代生活に適応させるよう工夫もみられた。

以上のように木之本町においてはまだ、鎮守の森が人々の生活の中にしっかりと息づいているように感じられる。

鎮守の森調査カード（Ⅰ）

県	市町村	No.	調査期日	調査者		総合評価
滋	木ノ本	2	昭56年9月14日	氏名 Y．S	所属 B	100/120

一般事項

名称	意富布良《おおふら》神社	通称・俗称	大洞の森
住所	木ノ本町木ノ本488	前住所	——
所有者	——	管理者	西村秀敏区長
宮司	田中永一	法人格	㊒・無
社格	明治10年 郷社　大正14年 県社	延喜式内社	記載・㊟無

縁起来歴	延喜式小社に列し、社伝に天武天皇白鳳4年の創祀とあり今の木ノ本地蔵堂近くまで法池を開拓された祖神を祭祀する。鎮座地を王布良という。寿永2年木會義仲が京都へ上るに当たり武運を折った。慶長6年豊臣秀頼が地蔵堂再営の際、当社も再建された。 明治初年王布良天王と改めのち意富布良神社と改称した。
祭神	素戔嗚命（大穴牟遅命、思兼神、猿田彦命、梨迹臣命）
摂社・末社	末社（5）

周辺環境と社域

法規制関係	都・計区域外
陸標認知半径	50m以下　当社は山麓地にあり、北側は木ノ本の集落に囲まれているためランドマークとしての意味は薄い。
社域面積	5.350 m（山林約5ha）

周辺環境（土地利用・集落との位置関係等）

（社域の構成）

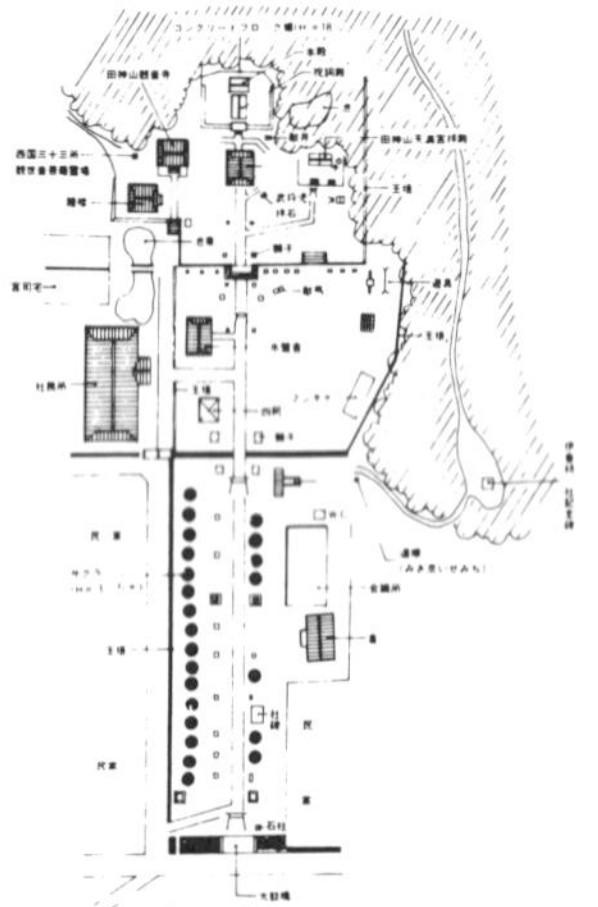

（参道の構成）

10　評価　山麓地にあるが、参道の片側には民家がせまっている。

参道

規模	幅員約12m・延長約72m	一の鳥居 主要な鳥居	様式 住吉型　材質 花崗岩　規模(m) 6.6×7.2
主要構成要素	献灯、鳥居（2基）桜片側並木（H＝3.0m）太鼓橋		
御旅所 御輿の巡行構成	——		
改変状況等	参道の歩道部分はコンクリート舗装(幅2.8m)に改変されている。		

10　評価　参道はきちっと整備されているが一般的である。しかし入口の太鼓橋は見事である。

社殿建築

規模 創建年代 形式 建築資材 改築状況	社殿等は元亀、天正の兵火により焼失、その後慶長6年(1601)豊臣秀頼が修復 本殿（大社造一坪）祝詞殿（二坪）拝殿（太坪、昭48年改築）社務所（四十二坪）楼門（一坪）

□本殿・祝詞殿

本殿は「竪連子・屋根付きの透塀に囲まれ、その楼門から本殿まえには透廊形式の祝詞殿をもつ。

本殿は防雪のために切妻側を板塀で囲んでいる。

□拝殿（神楽殿？）

□田神山観音寺

伊香三十三ケ所観音霊場の一番札所で神仏合体時代のなごりである。左手前に鐘楼がある。

□田神山観音寺（左）本殿（中央）拝殿（右）の配置関係

□社務所・水盤舎（右）

15　評価　本殿や祝詞殿に湖北らしい防雪の工夫がみられる。

鎮守の森調査カード（Ⅱ）

意富布良神社

樹林・その他の自然

標高	140～170 m	微地形	山麓斜面・山麓平坦地	水相	——
風当	強　(中)　弱	日当	陽・(中陽)・陰	動物相	ムササビ、フクロウ、ミミズク、ノバト等が巣をつくっているといわれている。
土壌 腐植	境内以外の山林部では良好である。			樹林面積	約0.3 ha　境内地のみ（山林約5 ha）
樹林名称	アカマツ林・スギ人工林（山林部）スギ等の大木疎林（境内地）			その他	——
樹林の特徴	本殿背後（北側）の社叢はアカマツ林、スギ人工林から成り、本殿近くや境内周りではシラカシ、ヤブツバキ等の常緑広葉樹を多く混える。シイの混入は少ない。 境内地ではスギの大木（C＝200～300 cm）が目を魅くが、ほとんどが植栽されたものである。				
樹林構成と出現種	境内周辺について右図参照。本殿背後の山林はアカマツ林やスギ、ヒノキ等の人工林であるが、本殿近くにはシイなどの常緑樹を含む。				
保存利用状況	神社背後の山林は老人クラブによりマッタケ山として利用（林床の刈払い、林内への立入）されている。 本殿背後の山林中には、霊場巡りコースがあり、道端に多くの地蔵が配置されている。				
古木・名木 大木の状況	境内地のスギの大木（H＝20～25cm、C＝200～300 cm 10数本）				
10　評価	特に強調されるものはない				

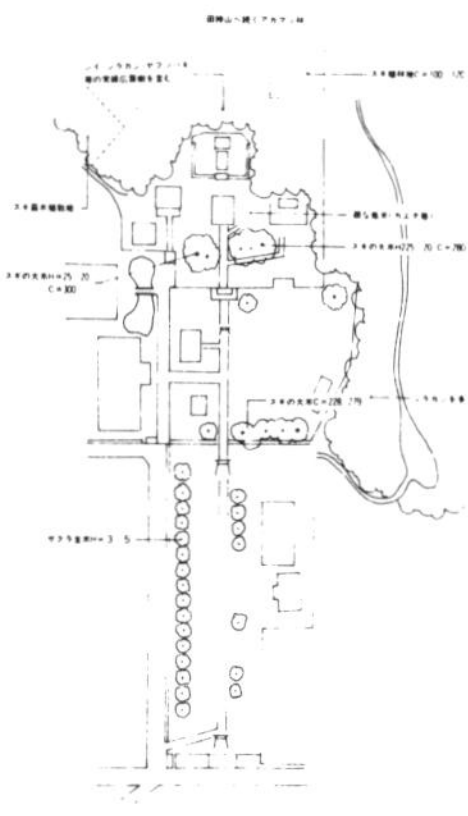

文化財

祭礼 年中行事	例祭（4月2日　子供三コン2基） 灯明祭（9月14日、踊りだけは祭と別に土、日に会催） お塔（3月11日） 秋葉神社大祭（3月18日）	遺跡 美術工芸品 伝統技術 伝承芸能 説話等	社宝（木會兜石） 神明講文書
指定文化財	——		
10　評価	祭礼・行事等はよく継承されている。		

氏子等の支援組織

名称	——	代表者	上田清一、藤田亥之助 小森兵衛、竹本助六	活動内容および活動性（奉仕活動）	子供遊園地の建設（境内内に遊具等を設置） 区会議所の建設 神前結婚や披露宴をできるようにした。 樹木の補植 宮司不在の際には宮世話が交代で社務所に詰める。 田神山観音寺本堂を近く約５００万円で改築修理の予定。
規模	木之本区約950戸（3,500人）				
組織の構成	氏子総代6人が、10数人の宮世話の協力を得て運営。				
15　評価	神社の支援管理体勢がしっかりしており、活発な働きがある。				

利用状況

周辺住民の利用	神社背後の山林では、地元老人クラブ（350人）によりマツタケ山として利用されている他、境内地は子供の遊び場、地元の集会所、冠婚葬祭の場として利用されている。	広域的民間利用	崇敬者3,000人 当社内に田神山観音寺は伊香三十三ケ所観音霊場の一番札所でその面での参拝者もある。
15　評価	地元および広域的にもよく利用されている。	地域共同体との関わり	密接な関わりが存在している。

一般的価値評価

自然的価値	特に強調されるものはない。	特記事項	 □太鼓橋 参道入口の花崗石製の太鼓橋 神紋（三頭左巴）
文化的価値	参道入口の石造の太鼓橋		
環境的価値	当社は田神山の山麓地にあり、集落地も山麓地までせまっているため、当社の環境的な存在価値はさほど高くない。		
社会的価値	近隣の子供達の遊び場、コミュニティの集会、冠婚葬祭の場老人達の生きがいの場等に利用されている。 地域共同体のシンボルとしてあり、当社を核としてコミュニティのまとまりが形成され、また、よく運営されている。	将来予測と提言	境内周辺部の山林の一角に自然林を復元したい。
15　評価	ひと昔前の鎮守を核とする地域共同体が生きつづけている。		

鎮守の森調査カード（Ⅰ）

県	市町村	No.	調査期日	調査者		総合評価
滋	木ノ本	3	昭56年9月14日	氏名 Y．S	所属 B	70／120

一般事項

名称	佐波加刀《さわかと》神社	通称・俗称	
住所	木ノ本町川合理内1277	前住所	百間山（天平年間に移す）
所有者	――	管理者	
宮司	森田端穂	法人格	㊒・無
社格	村社	延喜式内社	（記載）・無

縁起来歴	延喜式内の古社で祭神八柱は、開化天皇の皇子、成務天皇のころ祭神彦坐王三世の孫大陀牟夜別が淡海国造となったがその子孫が祖先を祭り、他の七柱を合祀して一社を創立したのが起源といわれる。 応永年間に社殿を再興したが兵乱で衰退。江戸時代は彦根藩の崇敬があつかった。
祭神	日子坐王、大俣王、小俣王、志夫美宿禰王、沙本毘古王、袁邪本王、佐波遅比売王、室毘古王
摂社・末社	末社　3

周辺環境と社域

法規制関係	都・計区域外
陸標認知半径	50 m以下　当社は山麓山腹中にあり、高時川の対岸の集落内から望まれるが、当社の存在は意識されにくい。
社域面積	1.997 ㎡（境内 390 ㎡）

周辺環境（土地利用・集落との位置関係等）

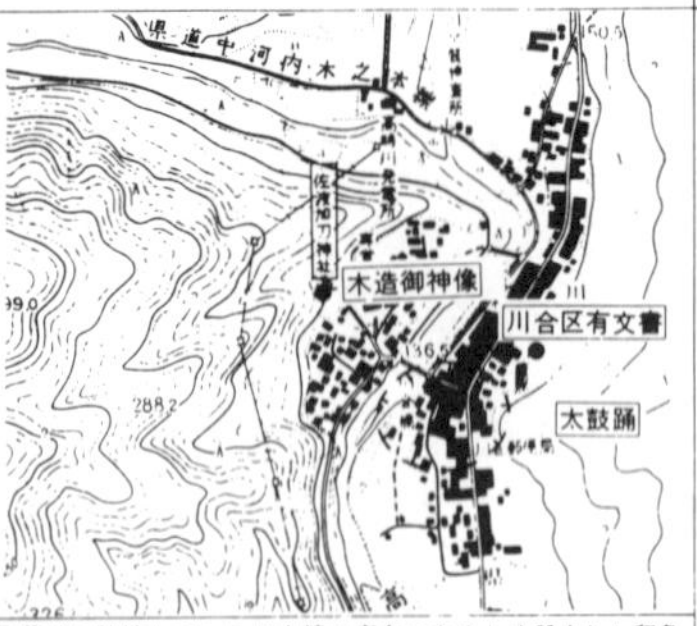

〈社域の構成〉

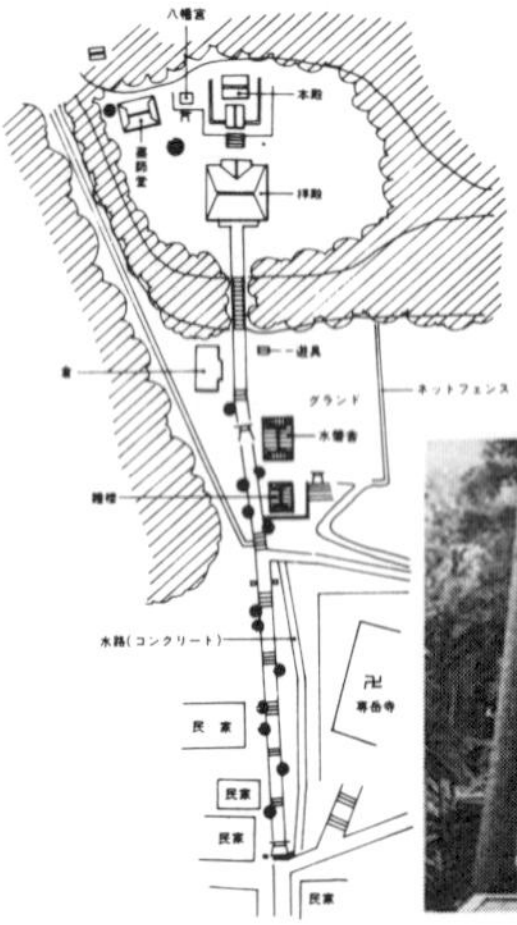

〈参道の景観〉

5　評価	集落地に隣接しているが山麓の高台にあるため孤立した印象を受ける（周囲からの開発の心配はない）。

参道

規模	幅員 3.4 m・延長約100m	一の鳥居 主要な鳥居	様式 材質 規模 住吉型 花崗岩 5.7×7.2
主要構成要素	コンクリートハケビキ仕上げの参道、献灯、階段		
御旅所 御輿の巡行構成	――		
改変状況等	参道の舗装や隣接する水路が改修されている。		
5　評価	参道は比較的長いが、テクスチャーや並木等が貧弱である。		

社殿建築

規模 創建年代 形式 建築資材 改築状況	応永年間に社殿を再興したが兵乱で衰退。現社殿は万治（3年）、嘉永（3年）年間に再建したものである。

□本　殿

本殿は竪連子屋根付きの透塀に囲まれ、菊の御紋のある向唐門をもつ。
現本殿は嘉永3年に再建。

□薬師堂（左手前）本殿（左奥）拝殿（左奥）の位置関係鳥居の左手は末社の八幡宮である。鳥居前にスギの大木（H＝35 m C＝640 cm）

□拝　殿

□本殿（左）、拝殿（右）の位置関係

本殿の背後は急斜面で背後の山腹へ続く。

□薬師堂

15　評価	社殿は古いものであり、かつりっぱである。

鎮守の森調査カード（II）

佐波加刀神社

樹林・その他の自然

標高	140 ～ 150 m	微地形	山麓斜面地	水相	
風当	強・(中)・弱	日当	陽・(中陽)・陰	動物相	
土壌腐植	——			樹林面積	約0.13 hu
樹林名称	スギの大木疎林			その他	

樹林の特徴	• 樹林のあるのは本殿背後のアカマツ林、東側のモウソウチク林で境内地はスギの大木の疎林の他、シラカシ、ヤブツバキのみが散見されるのみである。
樹林構成と出現種	• 右図参照
保存利用状況	• 拝殿のある小台地下部の法面部の樹林地では、低木層、草木層が著しく人為的影響を受け発達がわるい。
古木・名木大木の状況	• 本殿左手前にはスギの大木（H＝35cm、C＝640cm）がある。
10 評価	スギの大木のみが高い評価をうける。

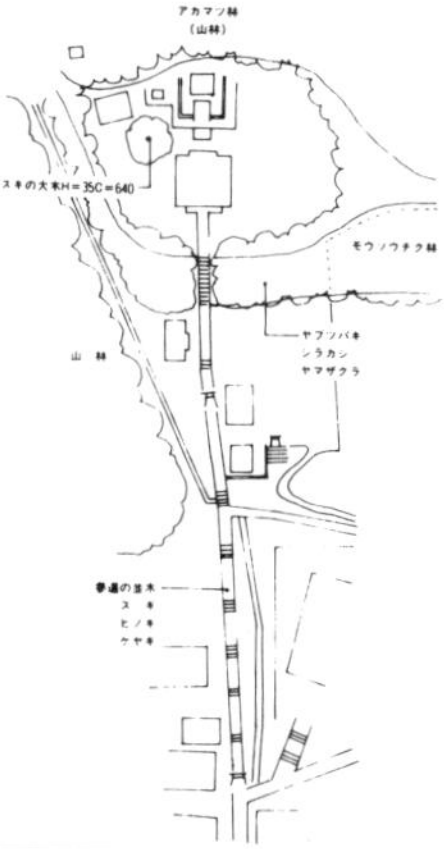

文化財

祭礼年中行事	例祭（湯の花行事　4月16日）（秋祭　11月15日） 野神祭（8月18日、太鼓踊りやタイマツ行事） 寿踊 薬師堂のおこない（3月8日）
指定文化財	重・文(彫)：木造神像八体（八体は前記の祭神坐像、鎌倉） 昭34指定
15 評価	祭礼・行事も豊富であり、重・文指定の御神体がある。
遺跡美術工芸品伝統技術伝承芸能説話等	• 木造神像八体 • 野神祭に伴なう太鼓踊りの他、寿踊、富貴踊、桜踊がある。

氏子等の支援組織

名称		代表者	省部定雄、吉田作 吉田甚市
規模	川合地区 174 戸		
組織の構成	• 東（川東）、北、南の3組に分かれる。順番制のコオトナの他2人の議員と、組には関係なく区長と区長代表が選ばれ、計8名の役人で、年間の行政的運営がなされる。		
15 評価	祭礼・年中行事等を中心に組織がしっかりしている。		
活動内容および活動性（奉仕活動）	• 社守（名）と下神主（3人）が毎年、東、北、南組の順で選出される（任期3年）。 • 社守は社殿・境内の清掃、供物の調進などの仕事を受けもつ。 • 下神主（神社掛り）は祭その他行事の準備・運営を神職と連絡をといつつ進める。 • 野神祭では川合義会とよばれる青年集団が主に役割をうけもつ。		

利用状況

周辺住民の利用	• 参道右手に小広場（グランド・ネットフェンス囲い）があり、子供の遊び場に利用されている。
5 評価	祭礼・行事以外ではあまり利用されていない。
広域的民間利用	崇敬者　620人
地域共同体との関わり	• 祭礼・年中行事を中心に北城コミュニティの結束を強固にしている。

一般的価値評価

自然的価値	——
文化的価値	• 重・文指定の当社祭神坐像・日子坐王は第九付開化天皇の皇子であり、その母の弟伊香色雄の伊香は、本郡の「伊香」にあてることができ、御神像は本部と深い関係があるものと考えられている。
環境的価値	• 社叢等緑地的価値は周囲が山であり少ない。
社会的価値	• 境内の一部が、平地の少ない山間集落の貴重な遊び場（児童公園的意味）として価値がある。 • 氏子組織が現在でも実質的に集落のコミュニティ形成の役割をになっている。
10 評価	学術的価値、社会的価値が強調される鎮守の森である。
特記事項	 ☐重文指定の祭神坐像
将来予測と提言	• 歴史や伝統性の強い神社であり、それにみあうような参道や境内地の修景が望まれる。

町の社——平野部

1　はじめに

安土町は日本の田園風景のイメージをそっくり残しているような心のやすらぐ農村である。町は琵琶湖東部に位置し人口約一万、面積二四・五平方キロメートルの盆地にある。その中央に丘陵が、南の竜石山から北へむかって観音寺山へとつづき、町を二分する形態となっている。丘陵をはさむようにして、北側に東海道本線が、南側に東海道新幹線と国道八号線が平行に走っている。神社台帳で確認できる安土町における現存の神社は一三社である。これには、昭和になってから干拓地に建てられた大中神社も含まれている。しかし、一万分の一の地図によると一五カ所の鎮守の森が点在する。本調査では、大已貴神社（宮津）、八幡神社（柏）を除く神社庁登録社を対象とした。その位置と概要を示したものが図19、表11・12である。

これによると、神社境内地の面積が一ヘクタール以上の大規模神社が三社あり、うち二社は延喜式内社である。一ヘクタール未満の神社をさらに詳しくみると、七、〇〇〇平方メートル以上が二社、三、〇〇〇平方メートルから五、〇〇〇平方メートル未満が四社、一、〇〇〇平方メートル代が二社、一、〇〇〇平方メートル以下が二社となっている。ただし、境内地の面積は、神社側の報告によるもので、境内地のみ、あるいは、森を含むもの等、数値のとり方が統一されていない（表

11)。

分布の状態は、大中湖干拓地に一社、西の湖と観音寺山の間の盆地に八社、中山道沿いに二社、南部に一社となっており、ほぼ一集落に一社分布し、平地立地型の神社が圧倒的に多い。

安土は中世において、信長、佐々木、六角などによって日本の城下町の原型としてつくられ、中山道が中央を貫き、交通、経済、軍事上の要衝であった。信長没後、急速にさびれていったが、大中湖干拓を除けば、条里制や掘割など、往時の姿をとどめ、集落の形態はその後大きな変化はなかったと判断される。

観音寺山よりみた老蘇地区

もっと古く、安土一帯の地質は低湿地であったことが文献に散見され、わが国最古の稲作といわれる大中湖南遺跡をはじめ、弁天島遺跡、瓢箪山古墳、観音寺城跡、安土城跡など、近江国の主要な史跡は、すべてこの地に会しているといっても過言ではない。ちなみに、滋賀県は全国で第三位の国指定文化財保有県である。

歴史的風土に恵まれた環境にあるため、鎮守の森も、比較的自然な形で残っている例が多い。

そこで、当町の神社境内地の様相を把握する目的で、調査対象神社として八社を選んだ。境内地の立地条件、規模、植生等にそれぞれ特徴を有するものである。

県下一の平地の森を有し、しかも学術的価値の高い奥石《おいそ》神社、氏神として現在もなお全国の信者をもつ沙沙貴《ささき》神社、七、〇〇〇平方メートル以上で、市街地に立地している八幡神社、また規模は同程度以上であるが無格社の若宮八幡神社、参道の極めて長い活津彦根《いくつひこね》神社、山を後背地とし、国定公園指定内にある日吉神社、安土城跡にある石部神社、かつては老蘇《おいそ》の森でつながり、氏子組織も活発であったといわれる鎌若宮神社の八社を抽出した。

面積＼立地	農村平地	市街地	丘陵地	合　計
5 *ha*～1　*ha*	3	—	—	3
1 *ha*～0.5*ha*	1	1	—	2
0.5 *ha*～0.1*ha*	4	1	1	6
0.1 *ha*～	2	—	—	2
合　　計	11	2	1	13

表11　安土町における規模別、立地別鎮守の森数

地図上番号	鎮守の森（神神名）	所在地	法人格	旧社格	境内面積㎡	備　　考
①	奥石神社	東老蘇1615	○	M14郷社 T13県社	48,899	式内社，重文（本殿），史跡（老蘇の森）
②	沙沙貴神社	常楽寺2	○	県社	21,446	式内社，大松明
3	八幡神社	内野173－1	○	村社	10,969	
④	若宮八幡神社	小中598	○	無格社	7,599	
⑤	八幡神社	上豊浦1479	○	村社	7,035	あまざけ祭り
6	新宮神社	下豊浦3319	○	村社	4,053	
⑦	日吉神社	石寺1239	○	村社	3,950	国定公園指定
⑧	活津彦根神社	下豊浦4727	○	村社	3,610	
⑨	鎌若宮神社	西老蘇865	○	村社	3,257	勧請祭（仁王会《にのえ》祭）
10	大中神社	大字大中122	○	――	1,643	新設　昭和48年法人格
11	天満宮	中尾138	○	無格社	1,125	
⑫	石部神社	下豊浦6222	○	村社	594	重文（薬師如来座像）
13	熊野神社	香庄110	○	村社	547	

表12　安土町における鎮守の森境内地概要　（滋賀県神社庁調査による）

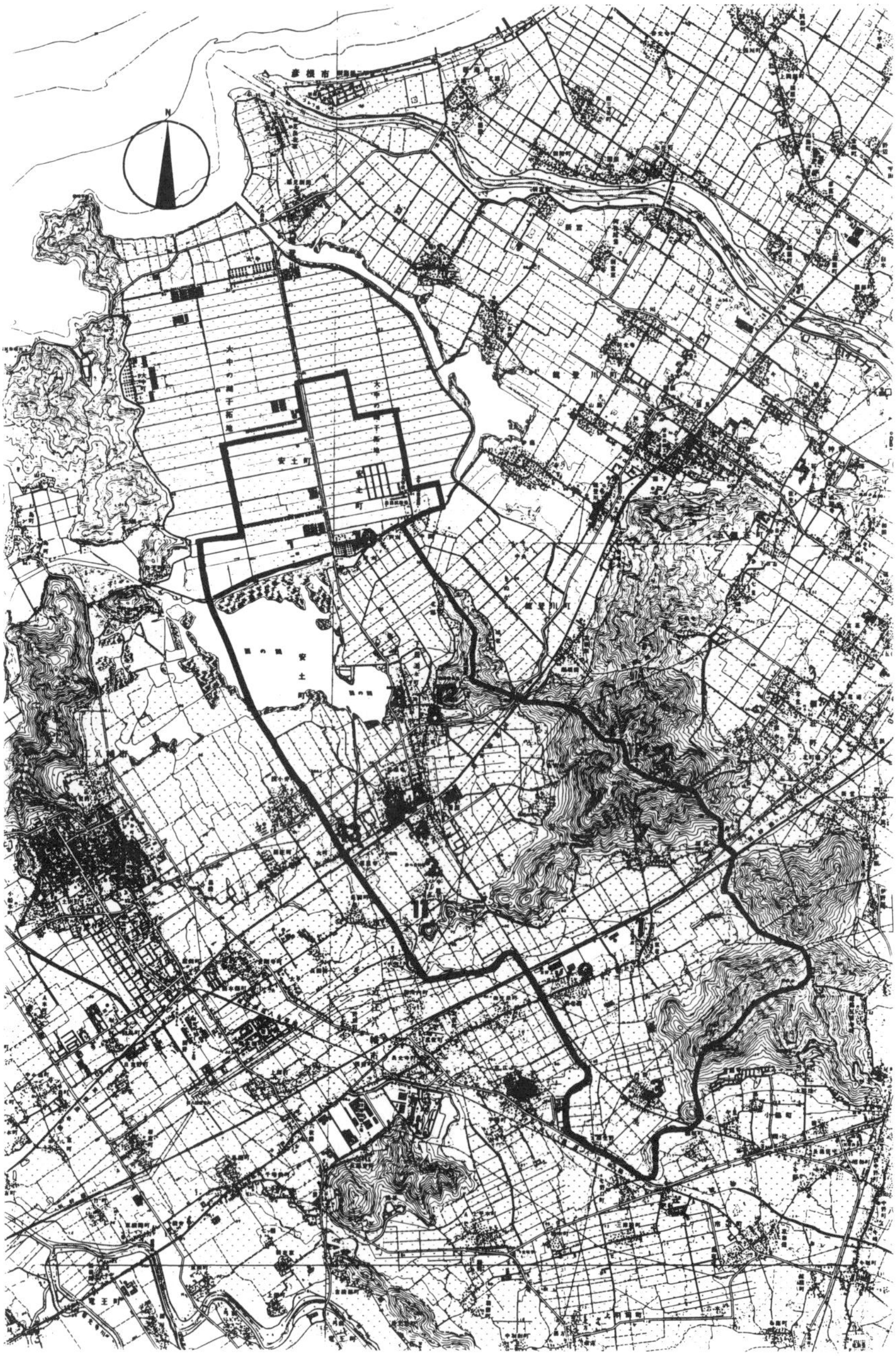

図19　鎮守の森分布

2　奥石神社《おいそ》

奥石神社は、日本で最も美しい森をもつ神社のひとつである。

安土町の中央部に位置し、国道八号線と中山道が交差する一画にある。四八、八九九平方メートルに及ぶこの森が「老蘇《おいそ》の森」である。昭和二四年七月、平地の森として全国で最初の国の史跡に指定されたのであるが、戦後間もない当時としては、数ある森のなかで、戦災にもあわず、また、戦時中に伐採されることもなく生きのこった貴重な森である。また、地名からもわかるように、現在の、東老蘇（奥石神社）と西老蘇（鎌若宮神社）は森でつながっており、この一帯は、壮大なる森林地帯であった。

『奥石神社本紀』によれば、「昔此の地一帯は地裂け水湧いて、とても人の住む所ではなかった」とあるが、第七代の孝霊天皇の時代に、豪族だった石辺大連《いしべのおおむらじ》が、神に祈ってスギ、マツ、ヒノキなどの苗を植えたところ、惣ちに大森林になった。大連は百数十歳になってなお、壮者を凌ぐほど元気だったため、人は「老蘇」と呼び、後世の土地名になったと伝えている。境内にはそれを実証するかのように、樹齢五〇〇年というスギの神木をはじめ、ヒノキ、マキ、カシ、クスなど、幹周り一メートル以上の大木が一、四〇〇本をこえ、昔からの森の生態を今日に残している。

低湿地である森の内部には、井戸や沢があり、樹木のほかに、シダ類や水生植物、あるいは小動物の棲息など、大森林全体の生態を知るうえで、学術的にも、貴重である。

また森林の奥には、七つ塚とよばれる七つの古墳が散在するほか、本殿は、天正九年（一五八一年）に建てられた安土桃山時代の建築様式をもち、重要文化財に指定されている。そして『古今集』以来の歌枕として知られ、多くの文人墨客が足を止め、老蘇の森を和歌によんだ。

　終戦直後、米軍のために森が削られ、あるいはジェーン台風、一六号台風では大木が根こそぎ倒れるなど、いくどかの危機に遭ってきたが、それにもめげず、氏子たちは、そのたびに、保存運動を起こして植樹し、先祖から受け継いだ森を守ってきた。

　ところが、昭和二二年には国道八号線により、つづいて昭和三九年には東海道新幹線開通のため、森は無惨にも南五万三、〇〇〇平方メートル、北一万二、〇〇〇平方メートルにそれぞれ分断されてしまった。そのため、この森に包まれて静かなたたずまいをみせる奥石神社の本殿後方からは、

奥石神社参道

奥石神社拝殿

森をゆるがして数分ごとにゴーという轟音がきこえてくる。まるで森全体が苦痛をうったえているようにさえおもわれる。

最近では、西側に工場が建ち、森を囲む環境も様変わりはしたが、以前にもまして小学生の写生会、遠足などで親しまれている。問題は、森が行政の手によって分断されたり、災害によって危機をむかえた時、植樹等の維持・管理は、つねに氏子の負担にのみ支えられてきたことである。

3　沙沙貴神社

沙沙貴神社は、日本全国に分布する近江源氏・佐々木氏の氏神として、多くの崇敬者をもつ大規模な神社である。また、延喜式神名帳にも記載されている古い社である。

境内地の広さは二万一、四四六平方メートルで、林縁部には樹齢二五〇年から三〇〇年のスギ、ヒノキ、ムク、ケヤキなどがうっそうと茂っている。また森の中はツバキが非常に多く、大小二〇〇〜三〇〇本はあるといわれている。

本殿の前には、オスマツがある。乃木大将が日露戦争後の明治三九年九月に植えたもので、佐々木高綱の子孫でもあることから、家系図を同神社に納めた。毎年九月一三日は乃木祭が行なわれている。

沙沙貴神社は、景行天皇が志賀高穴穂宮《しがのたかあなほのみや》に遷都のとき、都鎮護の神としてあがめられ、社殿が造られたと伝えられており、平安時代までは、古代の大豪族、大彦命を祖とする狭々城《ささき》山君の氏神であった。

しかし、平安中期に入ると、狭々城山君の時代は去り、武士集団の佐々木氏が、いつの間にか狭々城氏を併合し、沙沙貴神社も佐々木氏の氏神に変わってしまった。

戦国時代に入ると、織田信長の六角攻めと同時に、佐々木一族ゆかりの社寺は一時衰微した。そして、天正一〇年（一五八二年）明智光秀軍の安土城攻撃の際、当社は焼かれた。

江戸時代（一七四九年）に入ると楼門が建立された。しかし、一八四三年、再度火災にあい、本殿、権殿、拝殿が焼きつくされた。現在の三棟は、一八四四年より、五七年計画によって再建されたものである。

沙沙貴神社参道

沙沙貴神社拝殿

当社はその規模を示すがごとく、表参道、裏参道の二本のアプローチを持ち、表参道は深々とした高樹に囲まれ、L型の形状をしている。また、参道に凹み、燈籠によるアイストップ等の空間的変化をとりいれた威厳のある神社である。

4　八幡神社（上豊浦）

京都から東海道線上りに乗ると、四五分で安土駅につく。朝夕の通勤時を除いては、乗降客もまばらで、駅を少し離れると、たちまち田園風景が広がる。

八幡神社は、駅から徒歩で二分とかからない。安土町にある神社のなかで、周囲を民家にびっしり囲まれた市街地に立地する数少ない神社である。

道路からすぐ一の鳥居が建ち、向かって左側は駐車場、右は敷地境界いっぱい民家が建っている。石の明神鳥居をくぐると、六〇メートル前方に社記がアイストップとなり、そこで人の足をいったん止めさせ、右手に境内、拝殿、本殿という順に視界に入ってくる。市街地のただ中にあるとはいえ、市街地そのものが、静かな町並であるうえ、境内の後方につづく森のために、駅前からの騒音はかなり遮断される。

豊浦は、上と下の二つの集落で構成されている。当社は、舒明天皇三年に、同じ豊浦の比都佐《ひっさ》神社から分祀されたものである。

祭儀は、かつて活津彦根神社と合同で行なわれ、むろん、御輿も両集落ともどもねり歩いたのであるが、最近は、他府県へ就職する若者が増え、人手不足のため、御輿のかつぎ手がなくなった。

現在は上、下豊浦は、それぞれ単独で祭礼を行なっている。

最近の傾向として、若者の流出に対し、逆に大津、あるいは京都に職場をもつサラリーマンにとっては、安土はベッドタウンとしての価値をもつようになった。とくに安土駅の周辺には、公営住宅、民営アパートが多く建設され、国道や幹線道路沿いには、ドライブイン、喫茶店などが、じわじわと増加しつつある。

このような社会的、環境的変化のなかで、神社および氏子にとって問題となるのは、新しい人口の流入をかならずしも歓迎できないことである。

八幡神社（上豊浦）拝殿

氏子の資格を得るには、いわゆる神社のしきたりどおり、宮参り、七五三、元服、宮守といった儀式を子どものころからつとめなければならない。つまり新移住者は、よほどのことがないかぎり、氏子にはなれない。もちろん、例大祭にも参加できない。苦肉の策として、現在は、子ども御輿をつくり、新移住者の家庭でも、安土で生まれ、安土が故郷となる人間には、御輿をかつぐチャンスをつくった。

こうした厳しい氏子組織があるにもかかわらず、神社・境内の管理は、宮司一人の手に委ねられている。日ざかりの中、境内の草むしり、掃除といった仕事は、宮司の奥さんがするときいて、神社の管理の方法のむずかしさを知らされた。

古い集落の形態をとどめる郊外農村の人口流入と氏子組織とのトラブルは、今後、あちこちで起こりうる問題である。

5　若宮八幡神社

若宮八幡神社は、国鉄安土駅の南、約一キロメートルにあり、沙沙貴神社のすぐ北側に位置する。境内は、矩形の敷地をしており、参道から一直線に拝殿がアイストップになっている。また、この神社の最大の特徴としては、鳥居のないことである。その代わりとして、参道から境内入口に向いあう二本の松の木は、毎年一月八日に勧請縄をかけることで、鳥居の役を果している。

勧請縄とは、勧請祭（仁王会《にのえ》祭）に、社守が秋に用意しておいた藁で、氏子総代、区長、神主、社守が、区長の家であむ縄で、別名「マジャラコ」ともよばれている。これは、二本つくられるもので、このうち一本は当社の参道にかけられ、一本は、村境の津島神社の前の松に、中山道をまたいでかけられる。この二本のマジャラコは、地元の子供たちがかついで運び、それぞれの場所にかけるのである。

この時に、マジャラコの足元に、「木に餅がなるように」と椿の枝の切口を少しくりぬき、その中に米を入れたものを埋めるのである。それが済むと、マジャラコの中央に吊り下げられている懸札に石を投げて割り、これを割った子供は、その年は幸運が訪れると伝えられている。また、このマジャラコは、当社の参道にかけられたものは、祭礼の儀に、大松明に巻きつけて燃やされるが、

若宮八幡神社の勧請縄のかかる参道

若宮八幡神社本殿

津島神社へかけられたものは、朽ちるまでそのまま手を加えることもなく捨て置かれる。

境内は、参道、拝殿、本殿によって構成されており、ほぼ一直線上に配置されている。また、本殿は規模は小さいが、小じんまりとした典型的な流れ造りをしており、素朴な鎮守の森の風格を持っている。

6　日吉神社

日吉神社は日本の戦国時代の度重なる戦火を経験した神社のひとつである。

国道八号線の観音寺口のバス停を奥石神社とは逆の方向、北に折れる。新幹線の高架をくぐると、一面に広がる田畑の向う側に、山を背景とした石寺の集落が横たわっている。その集落へ向って幅四メートルほどの狭い一本道を行く。集落に入る付近で、道はさらに狭くなり、やや急な登り坂となる。小さな道祖神やお稲荷さんをやりすごし坂道は、両側に並ぶ民家がとぎれ、藪に変わったところで、三本に分岐する。まっすぐ登りつめれば観音正寺、左へ曲がれば日吉神社の境内飛地・天満宮、そして、斜め右の鳥居をくぐり、石段を登ると日吉神社である。

日吉神社の後に控える山には、中世のころ、佐々木氏が居城を構えていた。周囲の藪の中に点在する石垣は、当時の武家屋敷跡であり、佐々木氏の栄枯盛衰を物語っている。

日吉神社の参道は、佐々木氏全盛の折、城を守るためと生活物資の輸送のために、中山道へ続く唯一の道であったといわれている。しかし、その道は、五、六年前に自動車の通行のため、アスファルト舗装された。それ以前は長い石段が鳥居の前までつづいていた。

当社は、古くは十禅寺と呼ばれる寺であったが、明治初年、神仏分離の折に、大山咋神社と改められ、さらに明治一一年には、日吉神社と改称されて、現在に至っている。元来、大津市坂本にある日吉大社から分祀された神社であるとされている。

境内は、本殿、拝殿、宝庫と、社務所をかねた草の根ハウス石寺集会所で構成されている。草の根ハウス石寺集会所は、石寺地区の新しいコミュニティの核となる期待の下に、滋賀県の補助をうけて建てられた最近の建築である。他の建物は、文明年間の失火で、神社自体が消失した後、再建・修理が続けられていたことは判明しているが、創建年代は不詳である。

日吉神社参道

日吉神社拝殿・本殿

境内で特筆すべき点は、その地形である。周囲が山であるため、狭い敷地は、断崖・絶壁で囲まれており、平地にある神社とその森との関係とは異なった、一種独特の雰囲気を漂わせている。

日吉神社は、観音正寺への参拝・ハイキングコースの入口に位置し、観音正寺史跡の一部として、国定公園に指定されている。さらに、地域住民による氏子組織の結束も固く、将来に至っても、なお現状の姿が保たれていくであろう、と思われる。

7　活津彦根《いくつひこね》神社

東海道線安土駅から北上して、約七〇〇メートルの地点に、石の鳥居がある。これが、活津彦根神社の一の鳥居である。そこから真正面に二の鳥居がみえる。およそ一八五メートルの参道は、民家がつづき、ところどころ畑がある。道は鳥居の前でT字路となってくる。右へ曲がると織田信長の居城跡のある安土山へと導かれる。信長時代、活津彦根神社の参道は、侍たちの馬がけのコースの一部であったと伝えられている。背後には、琵琶湖の内湖である西ノ湖があり、活津彦根神社は、山と湖にはさまれた下豊浦地区の中心に位置する。

活津彦根神社の創祀年代は不詳であるが、元来豊浦社の産土神を祀っていた。豊浦社は、天平感宝元年に、聖武天皇によって、奈良、薬師寺に寄進されてその寺領となり、中世には、大津・坂本の日吉大社の社領にうつった。それ以後正徳三年、神祀官領吉田兼敬の諮りで、活津彦根大明神として正一位の神階を得て後、活津彦根大神宮と称されている。

境内は、本殿、拝殿、神饌殿、祭器庫、宝庫、社務所、手水舎、明治二九年に他から移転された蛭子神社で構成されている。茅葺の大きな屋根をもつ拝殿が、境内で特に目を引く。

活津彦根神社で特筆すべき点は、参道の長さである。一の鳥居から二の鳥居までの距離は、現在でも一八五メートルあり、かなり長い。ところが、かつてのものはさらに長く、現在の位置より一六キロメートル先に一の鳥居があったと言われる。もとの一の鳥居の場所は不明であるが、五〇年前には一町ごとに石が置かれ、その数は三六個あったといわれる。また現在の二の鳥居は、明治二九年までは楼門であった。

活津彦根神社の周囲は、民家が接近しており、小学校や幼稚園帰りの子供たちが通り、車の往来

活津彦根神社の参道と一の鳥居

活津彦根神社拝殿

も安土町としては多い方である。現在は、下豊浦地区の人口移動が少ないため、氏子組織は、村全体で構成され、活動も盛んであり、落着いた環境が保たれている。しかし、安土駅方面からの市街化、住宅地化の兆しがあり、今後の神社と森の状況がどのように変化していくか予断を許さない。

8　鎌若宮神社

老蘇の森（奥石神社）から南西に町並に沿って行くと、八〇〇メートルほど離れた所に小さな森がある。これが鎌若宮神社である。

地名は、奥石神社のある所が東老蘇で、鎌若宮神社のある所が西老蘇である。地名でもわかるように、昔は二つの森が続いていて、二つの地域全体が「老蘇の森」と呼ばれていた。しかし時代とともに人が住み、家が建ち、田畑が耕されていくうちに、森は徐々に小さくなり、東と西に分断され、また村も東西に分立するに至る。奥石神社（別名　鎌宮）の若宮として延宝八年には建立されたと推定されており、祭神は大己貴命である。

参道は前面の車道から少し離れて鳥居が建ち、そこからまっすぐに境内まで続いており、正面に拝殿が見えて、アイストップの役をはたしている。また参道の両わきには石垣があり、その上に石燈籠が並び、その横には大木が繁り、五〇メートルほどの間にみごとな天蓋を作っている。そのため鳥居のあたりから見ると、参道が暗く、奥の方に拝殿がスポットライトをあてられたように明るく見える。

境内は、本殿、拝殿、社務所、御輿庫、手水舎などで構成されており、他に天武天皇遥拝所記念石碑などがある。本殿は流れ造り、瓦葺、間口一間、奥行二間で前面に燈籠、狛犬がある。拝殿は入母屋、瓦葺、間口三間、奥行三間の正方形平面の美しい建物で正面には燈籠がある。参道の横には児童公園があるが、これは神社が町に土地を貸しているもので、おもに近所の子供達に利用されている。

現在、氏子一三五戸（二五〇名）、崇敬者二〇名、氏子総代四名、内一名が宮司という構成である。

境内および児童公園の管理（清掃、補修等）は、もっぱら宮守の奉仕活動で、日ごろから美しく

鎌若宮神社遠望

鎌若宮神社拝殿

保たれている。宮守は毎年村から二人が選ばれて、半年ずつ管理を受けもつ。こういうシステムは新しい町には育ちにくい、昔からの神社と村の人々とのむすびつきの深さを感じさせる。

神社の森は、スギ、マツ、ブナ、クヌギ、タケなどで構成されており、二五メートルもの高木もあるが、全体に老木が多く、また木の根が浅いので、風雪によって倒れる事故がたえず、新しく植樹した木もなかなか育たないので、目下その対策を考えている最中だそうである。

9 石部《いそべ》神社

城郭内の、しかも、山城に位置する神社として、全国でも珍しいのが石部神社である。

安土城跡で有名な安土山には、二カ所の登り口がある。一つは山の南側大手口と呼ばれる所で、もう一つは山の西側、安土城の堀にかかる百々小橋の正面からである。ここには安土城跡と記した石碑と石垣、急な石段が森の繁みへと続いているのが見える。この石段を少しばかり登ると、山頂へ向かうのとは別の石段が二カ所あるのが見えてくる。これが石部神社の参道である。

ここからは、まだ境内は見えない。鳥居のあたりまで近づくと、やっと境内が見わたせる。道路から数十メートルしか離れていない所に神社があるとは、下から見てもまったく気がつかない。

境内はうっ蒼とした森にかこまれており、西側だけは木々の間から、一段下った所に隣接する観世堂、会勝寺、そして下の家々の屋根を見ることができる。一八〇坪のこじんまりとした境内には、本殿、拝殿、それに境内社である出雲神社の小さな祠があるだけで、あとは輿庫、鳥居（明神）、燈籠、狛犬、社記板が配されている。

本殿は流れ造り、茅葺屋根（棟の部分には瓦を使用）間口一間、奥行二間という小さなもので、多少のいたみが認められる。拝殿は境内のほぼ中央に位置し、入母屋、瓦葺、間口三間、奥行二間、土間というもので、相当いたんでおり、鉄パイプで四隅の柱をささえている。

由緒は景行天皇二一年卯辛四月一五日、石部天神神社鎮座とある。当時このあたりは、磯部の里と呼ばれていた。天正四年、織田信長が安土山に築城の節には、城の鬼門ということから、山の守護神として郭内に差置かれた。そして廃城の後、今日に至っている。祭神は少彦名神、天照皇大御神、高皇彦霊神、大己貴命である。御神体の薬師如来座像（一一～一二世紀、木造、体長二七・二センチメートル）は重要文化財に指定され、現在は京都国立博物館に陳列、保管されている。

石部神社一の鳥居

明治時代には八〇世帯あった氏子数は、現在四〇世帯ほどに減少している。また宮司は、活津彦根神社、日吉神社との兼任で、祭礼も活津彦根神社との合祭であり、そのせいか、境内も少しさびれた印象であった。参拝者は、氏子の他に、安土山をおとずれる観光客が多く、その数も今日の歴史ブームを反映してか、年々増えつつある。安土山には総見寺（仁王門三重塔が残っている）安土城跡があり、山頂からの眺望はすばらしい。

10 むすび

当調査では、八社を対象に調査を行なったが、他の五社を含めて、全般的に鎮守の森はたいへん良く保存され、環境的にも、好ましい景観をつくりだしている。そこで、いくつかの特徴をあげてみよう。

第一に、いずれの神社についても、氏子組織が明確であり、しかもその結束が固い。祭礼時には、集落をあげて参加し、氏子総代をはじめ、大人十人衆など、むかしのしきたりどおりに、御輿の巡礼等を行なう。その日ばかりは、境内が活況を呈し、まさに地域のコミュニティーの核となる。

第二に、安土町のもっている田園風景が壊されていないこと。これは、住民が、工場誘致などの開発を拒否し、歴史的風土を守ろうとする意志の強いことによるとおもわれる。じっさい、田園風景のなかに、集落と境内地が遠くから確認できる例が多い。

第三に、後継者不足のためか、あるいは他に要因があるかもしれないが、一人で二社の宮司をつとめる例がいくつかある。

第四に、若者の他府県への流出が増加し、御輿をかつぐ人手が不足するという傾向にある。一方、特に八幡神社のある安土駅附近は、大津、京都からみれば、サラリーマンのベッドタウンとして注目されつつあり、住宅地化がすすんでいる。そのため、安土に移住してきて、氏子組織に組み入れられない人びとと、氏子との間に、しばしばトラブルがある。とうぜんこの問題は、氏子組織がきっちりと守られている神社ほど大きく、今後の問題として、残されよう。

第五に、当調査でいちばん大きな問題として考えられるのは、境内地の管理の方法である。現在は、ほとんどの神社では、宮司、あるいはその家族の手によって、毎日の清掃が行なわれているが、じっさいは、宮司の奥さんの手によるところが多い。

老蘇の森のように、天災、人災にみまわれても、そのつど、住民の熱意により、植樹や反対運動で森が守られてきたのは特例であって、じっさいは、氏子組織は、ほとんど祭礼時にのみ活動する、といっても過言ではない。しかし、これもよく考えてみると、社殿の修理や植樹には、氏子ひとりの負担によらなければならない現実があり、やむをえないといえるかもしれない。

一方、安土町で一番管理のよい神社の例として、内野の八幡神社を紹介しておく。玉砂利にほうきの掃き目が折目正しく入れられ、他には見られない清々しい空間である。しかも祭礼時には、活きた鯛を奉納するなど、かなりのお金をかけるということである。にもかかわらず、ここには専任の宮司がいない。つまり、すべて氏子と社守の自主的管理のもとにある。社守は、二人ずつ半期ごとに交代するのであるが、七〇歳まで夫婦ともに健在であることがその条件とされる。また、境内地の管理が悪いことは家の恥というくらいに、村の伝統的慣習として守られている。したがって、社守に選ばれた家は、一生に一度のこととして、朝夕の清掃を怠らない。

以上、調査の結果、問題点をしぼってみると、境内地の周辺環境を含めた鎮守の森の保存修景は、氏子組織だけにたよることの限界があり、今後、それぞれの市町村、あるいは県や国が、どこまで後押しをするのか、ということによって、鎮守の森が生きつづけられるかどうかがきまってくるとおもわれる。

鎮守の森調査カード（Ⅰ）

県	市町村	No.	調査期日	調査者		総合評価
滋	安土	1	昭57年1月11日	氏名 A．T	所属 C	115/120

一般事項

名称	奥《お》石《いそ》神社	通称・俗称	鎌宮神社
位所	安土町東老蘇1615	前住所	同左
所有者	奥石神社	管理者	氏子（崇敬会）
宮司	空席（病床）	法人格	㊒・無
社格	県社（大正13.2.4）	延喜式内社	（記載）・無

縁起来歴	社伝によれば、約2,300年前社壇を築き、崇神天皇の時社殿を設立する。醍醐天皇の時蒲生郡11座に列せられる。佐々木氏は、信長の時社殿、拝殿を造営し、享保5年「鎌宮」の名を寄進される。明治35年本殿が特別保護建造物に指定され、現佐、重要文化財である。昭和24年7月神域一帯を老蘇の森として史跡指定。明治14年2月1日　郷社。
祭神	天児屋根命1座
摂社・末社	摂社（諏訪宮）＝建御方神 末社（稲荷社）＝吉住大明神

周辺環境と社域

法規制関係	市街化区域 住居地域	陸標認知半径	1㎞以上
		社域面積	48,899㎡

周辺環境（土地利用・集落との位置関係等）

〈社域の構成〉

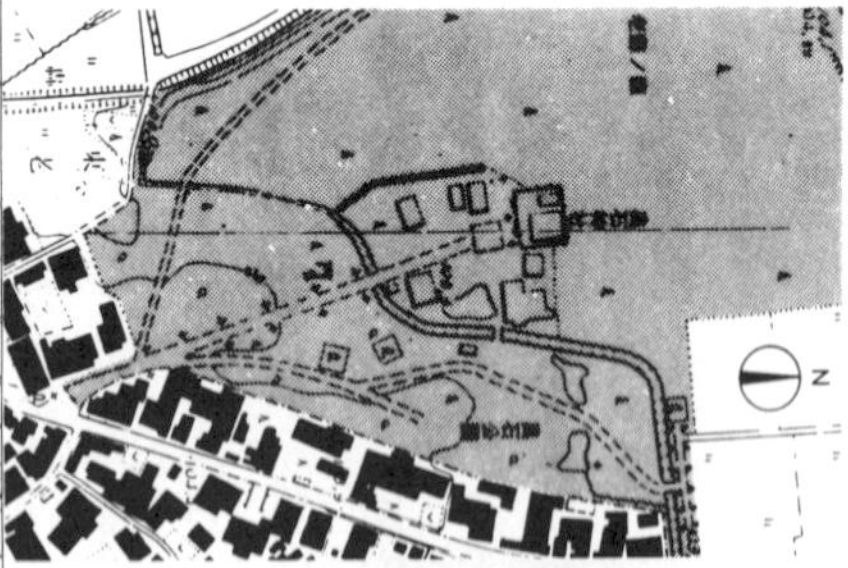

15	評価	森の樹木は豊かだが、国道8号線と新幹線によって分断され、周囲に与える騒音の影響が、大きい。

参道

規模	幅員 6.9m・延長119.5m	一の鳥居 主要な鳥居	様式 明神　材質 石　規模 H＝8m
主要構成要素	鳥居・燈籠・樹木（樟）		
御旅所 御輿の巡行構成	神社境内→参道→御旅所→神社境内		
改変状況等	昭和初期までは、村のはずれから御旅所までは松林。		

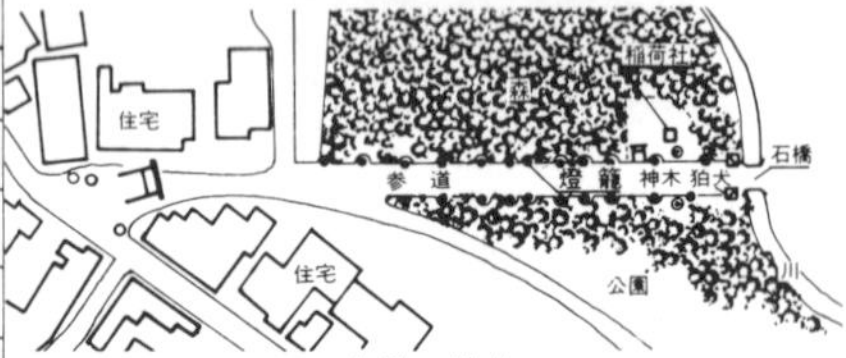

参道の構成

15	評価	老樹で構成され、落ちついた雰囲気がある。

社殿建築

規模	本殿　間口 8.7m　奥行 10.4m
創建年代	不詳
形式	流れ造
建築資材 改築状況	木造　昭和36年拝殿の改築を行い、38年11月竣功

〈境内配置見取図〉

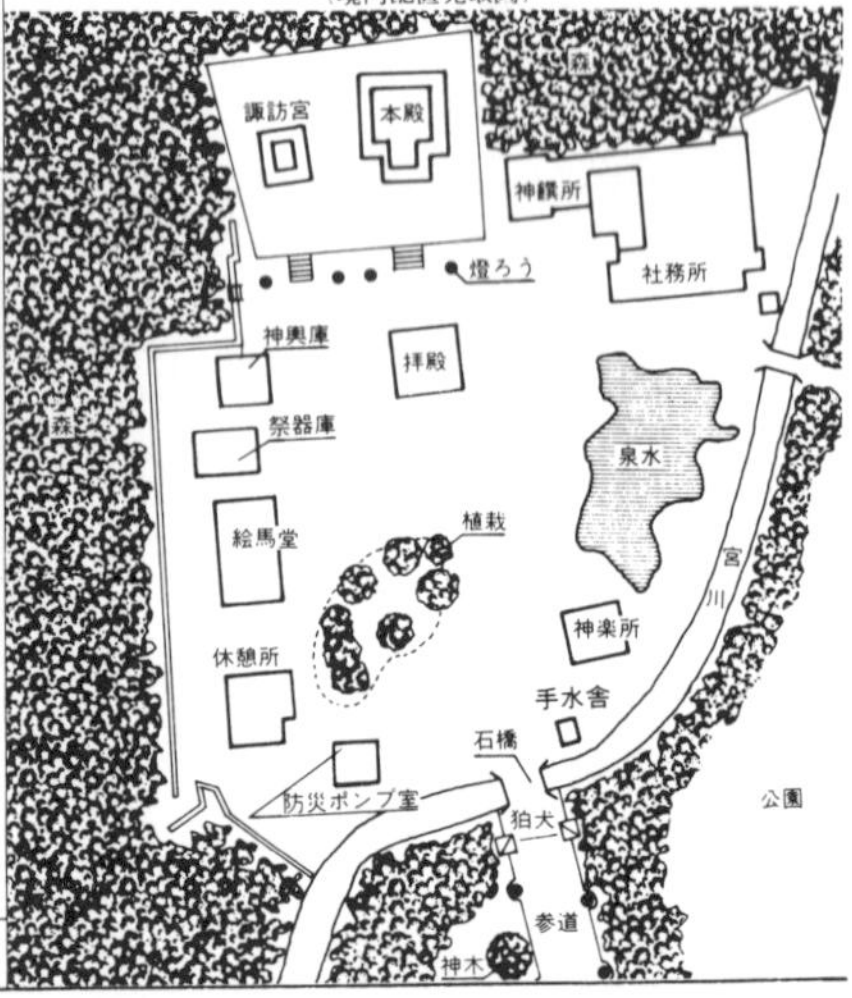

拝殿｜参道
本殿｜

15	評価	本殿は安土、桃山時代の建築様式で重要文化財である

鎮守の森調査カード（Ⅱ）

奥石神社

樹林・その他の自然

標高	102 ～ 103 m	微地形	平坦地
風当	㊡ 中 弱	日当	㊐・中陽・陰
土壌腐植	腐植の堆積も厚く、草本類も繁茂している。		
樹林名称	シイのまじるスギ（ヒノキ）林（H＝18～20）		

水相	林内および西側隣接地に小川がある。
動物相	トンビ、小川では水鳥を観察した。
樹林面積	約4.5 ha
その他	林内は北側の国道・新幹線の騒音が大きい。

樹林の特徴
・基本的に樹高H＝18～20のスギ、ヒノキ林であるが、自然林構成種であるシイを混在している。
カシ、ユズリハ、アオジクユズリハ、シイ、ネズミモチ、ヤマツバキ等の常緑広葉樹を含む。草本層も多様で、シイの実生も多い。

樹林構成と出現種

層	出現種
高木層（高さ20～18m）	ヒノキ（120～50年生）（1種）
亜高木層（高さ12～6m）	サカキ、ヤブニッケイ、シイ、アオジクユズリハ（4種）
低木層（高さ3～1m）	ヤブツバキ、アオキ、ヒサカキ、ヤブニッケイ、シイ、ネズミモチ（6種）
草木層（高さ1m以下）	ベニシダ、ネザサ、シイ、サカキ、シュロ、ヤブニッケイ、チヂミザサ、アオキ、イタビカズラ、タカサゴキジノオ、エビズル、ヌスビトハギ、イタチシダ、ヤブラン、アリドウシ、ホソバノジャノヒゲ（16種）

保存利用状況
・保存状態は比較的良好である。林内の一部は高木層を伐採した後に苗木を補植した一画がある。

古木・名木大木の状況
・シイ（H＝22、C＝314）の他、シイの大木が多い。その他参道には、ケヤキ（C＝333）、スギ（H＝26、C＝400、H＝26、C＝360）等がある。

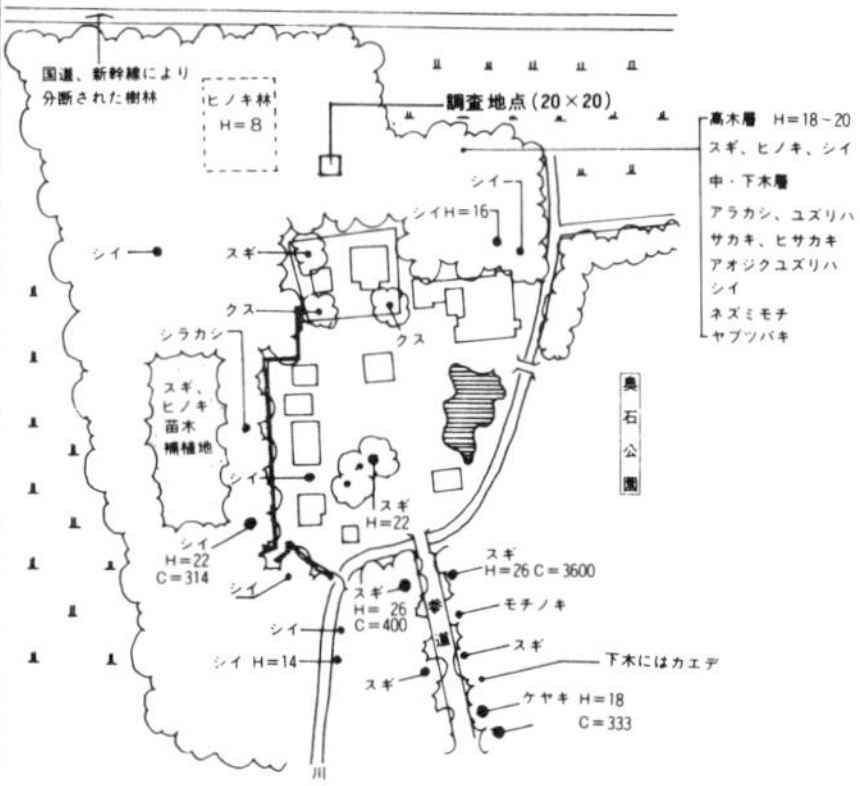

15	評価	樹林の規模・自然林構成種を多く含んでいる点が評価できる。

文化財

祭礼年中行事	例大祭4月6日　その他年中恒例祭儀31回
指定文化財	重要文化財：本殿 / 史跡：老蘇の森
遺跡 美術工芸品 伝統技術 伝承芸能 説話等	社伝によれば、むかし、この地一帯は、地裂け水湧いてとても人の住める所ではなかった。約2,300年前石辺大連が神助を迎ぎ、松、杉、桧等の苗を植えたところ忽ち大森林となり人呼んで「老蘇」となった。最近森中王塚遺跡附近より小形坩形埴質土器が発見され、県教委では祭祀遺物だろうと推定している。

15	評価	本殿が重要文化財に指定されている。

氏子等の支援組織

名称	崇敬会	代表者	杉原養一、神保芳夫
規模	100戸		
組織の構成	大人十人衆 責任役4人、任期4年		

活動内容および活動性（奉仕活動）
過去、ジェーン台風、16号台風のため、老蘇の森がかなりの範囲にわたって破壊されたが、氏子の手によって植林が行われた。その後の活動は、例大祭、中、小祭を中心にしたもので、とりたてて述べるものはない。

10	評価	人災、天災時は、保護運動がさかんになる。

利用状況

周辺住民の利用	開放的な神社で、気軽に散策できるため、人の絶えることはない。
広域的民間利用	近隣幼稚園の遠足、小・中学生の写生会等、教育的利用が多い。
地域共同体との関わり	古来、歌人墨客の多かったことに因んで、今秋から、歌会が開催される予定である。

15	評価	県内からの祈願の参拝者が多い。

一般的価値評価

自然的価値	森は洪積代の北端おう地で、観音寺山、箕作山からの水が流れ込んだ低湿地帯であり、自然林構成種を多く含む大森林の生態を知るうえで極めて貴重である。
文化的価値	天正9年に建てられた本殿は、安土桃山時代の様式をのこし建築美術として、大きく評価できる。
環境的価値	過去、人災、天災があったにもかかわらず、森は立派に生きつづけている。また、陸標としても陵駕している。
社会的価値	近隣の小・中学生の写生会、遠足など活発な利用があり、神社の来歴に因み、今秋歌会の予定など、注目される。 安土だけにとどまらず安産の神として、県内からの参拝があり、氏子の保存意識もたいへん高い。

特記事項
老蘇の森は、平地にある森として、全国ではじめて国の史跡に指定された。(S 24.7)、しかし、残念なことに、国道8号線(S22)と新幹締(S39)開通のため、森は分断されてしまった。
中古以来、当社を鎌宮神社と称し、鎌宮は蒲生宮の転訛といわれている。しかし延喜式神名帳には奥石（オイソ）神社の名がみえる。
大正13年2月4日鎌宮は奥石と改称されている。

将来予測と提言
学術的に価値の高い森であり、史跡指定をうけているが、氏子の保護にたよるだけでは、森の保存はむずかしい。
新幹線と国道8号線は将来地下トンネルとして老蘇の森を完全復元するべきである。

15	評価	建築・森が立派であり、利用状況もたいへん良い。

鎮守の森調査カード（Ⅰ）

県	市町村	No.	調査期日	調査者		総合評価
滋	安土	2	昭57年1月11日	氏名 A．T	所属 C	115/120

一般事項	名称	沙《さ》沙《さ》貴《き》神社	通称・俗称	佐々木神社	縁起来歴	悠遠なる神代の昔、少彦名神の御霊跡に起り、社号の『沙沙貴』は少彦名神に起因するといわれる。 創立年月日、景行天皇の朝、神階正一位、国土鎮護の神
	住所	安土町常楽寺1	前住所	同左		
	所有者	神社	管理者	氏子		
	宮司	丘 真杜	法人格	㊒・無	祭神	少彦名神（第1座）、大毘古神（第2座）、仁徳天皇（第3座）、宇多天皇、敦實親王（第4座）
	社格	県社	延喜式内社	（記載）・無	摂社・末社	——

周辺環境と社域	法規制関係	風致地区	陸標認知半径	1,500 m
			社域面積	21,446.7 ㎡
	周辺環境（土地利用・集落との位置関係等）		〈社域の構成〉	
15	評価	周囲は田園で遠くからのランドマークになる。		

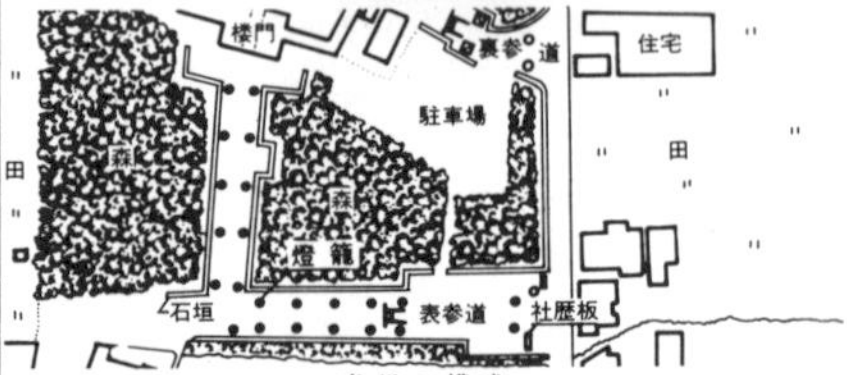

〈参道の構成〉

参道	規模	幅員9・10m・延長150m	一の鳥居主要な鳥居	様式 明神　材質 石　規模 H＝8m
	主要構成要素	鳥居・大樹・燈ろう・石垣・凹み・L型参道・楼門・裏参道		
	御旅所御輿の巡行構成	沙沙貴神社と聖社との合同祭		
	改変状況等	良好		
15	評価	燈ろう、大樹の構成がたいへんよい。		

社殿建築	規模 創建年代 形式 建築資材 改築状況	本殿、間口、16m　奥行、18m 1844年　弘化元年 流れ造 木造　屋根・銅葺 良好

◁本殿

全景▷

参道▽

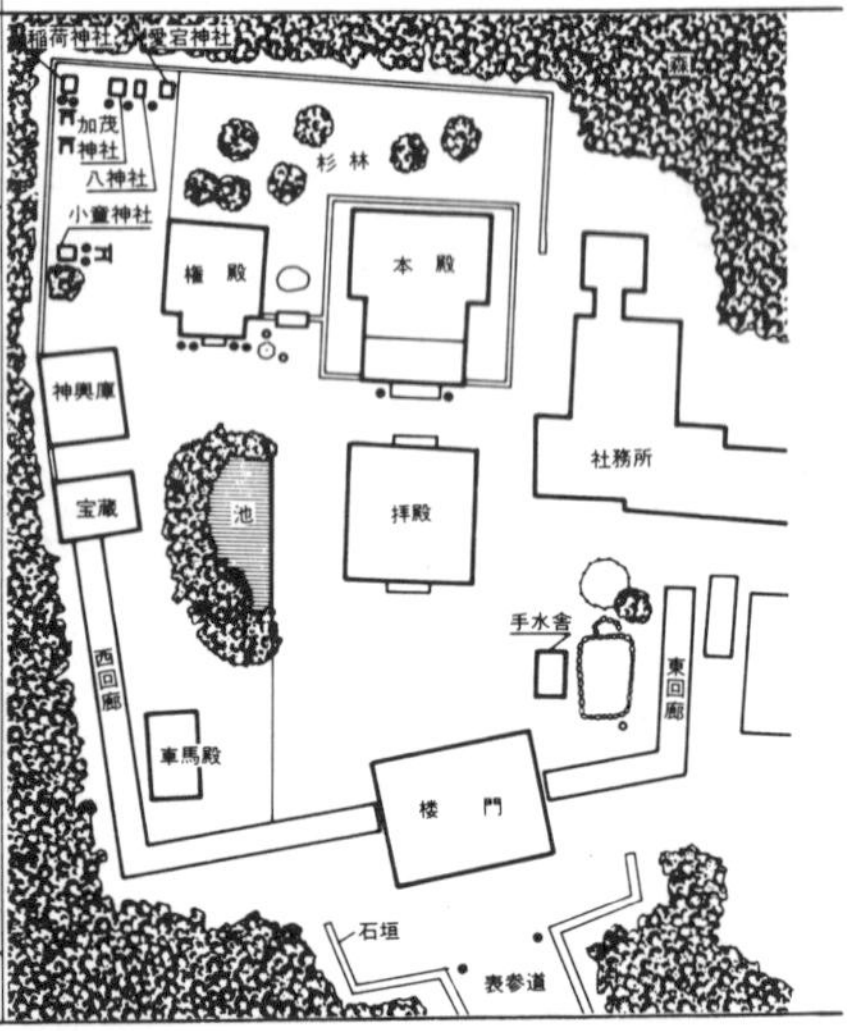

15	評価	改修状況がよく、整備されている。

鎮守の森調査カード（Ⅱ）

沙沙貴神社

標高	91 ～ 93 m	微地形	平坦地	水相	北西部は小川が隣接している
風当	㊕　中　弱	日当	㊐・中陽・陰	動物相	——
土壌 腐植	腐植層の発達もよく森林土壌が形成されている。			樹林面積	約1.7 ha
樹林名称	ケヤキ・シイのまじるスギ（ヒノキ）林			その他	——

樹林・その他の自然

樹林の特徴	スギ・ヒノキを主とする樹林であるが、亜高木層には、シイ アラカシ、モチノキ、サカキ、ヤブニッケイ等を含んでいる。境内の南西部分にはシイの大木（H＝15～18）を多く含んでいる。また、参道沿いではケヤキの大木が目立つ。

樹林構成と出現種		
高木層（高さ18～15m）	ヒノキ（15～25年生） スギ（50～60年生）	（2種）
亜高木層（高さ12～8m）	アラカシ、サカキ、ネズミモチ	（3種）
低木層（高さ3～0.5m）	アオキ、カゴノキ、サカキ	（3種）
草本層（高さ0.5m以下）	ベニシダ、ショウガS.P. アラカシ、ビナンカズラ、チヂミザサ、サカキ、ネザサ、ネズミモチ、イタビカズラ、ヤブラン、スギ、ホソバノジャノヒゲ、フウトウカズラS.P.、トウジュロ	（14種）

	保存利用状況	保存状況は比較的良好であるが、駐車場により樹林面積は減少している。
	古木・名木大木の状況	参道沿いのケヤキの他、シイ、クス、カゴノキ（右図参照）
15	評価	現在はスギ（ヒノキ）が主体であるが、将来は自然林へ育っていく可能性がある。

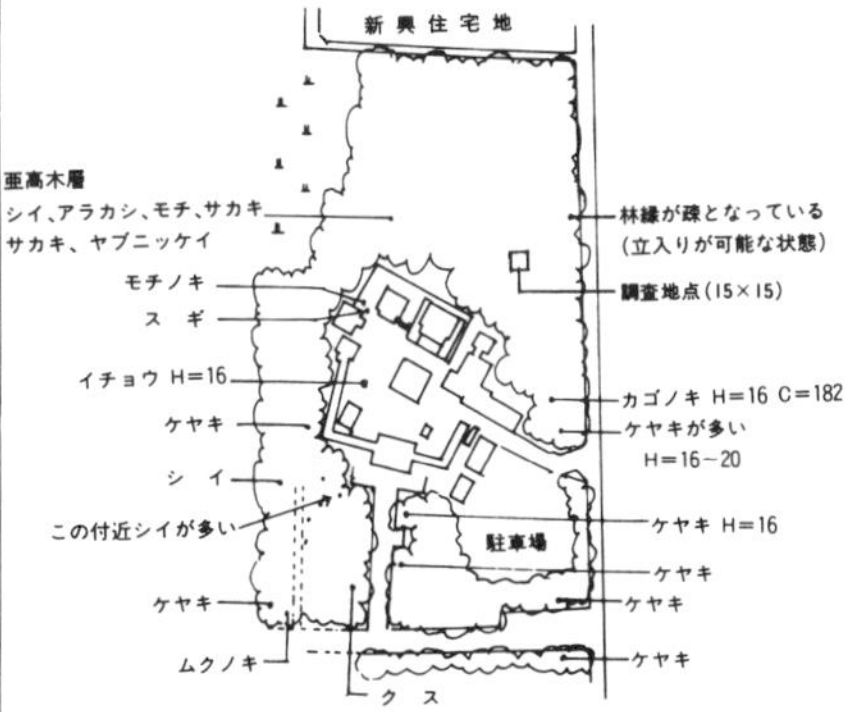

文化財

	祭礼年中行事	4／4.5例大祭(ささきまつり)、4／5、5／5、10／吉日沙沙貴十二座神事・10／10近江源氏祭、宇多源氏祭、佐々木一族御祖神祭・11／吉日沙沙貴三十三郷大祭 3／5祈年祭・11／23新嘗祭・毎月1日年次祭・6／20・12／31大祓式・6／30・12／31大祓式・50年毎式年祭（宇多天皇式年祭)、50年毎式年祭（敦實親王式年祭）	遺跡 美術工芸品 伝統技術 伝承芸能 説話等	天正10年（1582年）明智光秀軍による、安土城攻撃のとき、当神社は、焼かれ、荒れはてたと伝えられており国宝級のものはすべて失なってしまった。 正安2年（1300年）の佐々木一族から献納された石灯籠、弥陀六の灯籠が唯一の宝物。これは近江の特徴をもつデザインである。
	指定文化財	——		
10	評価	例大祭等神事がきちんととりおこなわれている。		

氏子等の支援組織

	名称	——　代表者　保智正雄(正) 木村修(副)	活動内容および活動性(奉仕活動)	管理としては、氏子が毎日交替で掃除に来る。また宮司の奥さんが毎日行なっている。 神事は、全国的に拡がる佐々木姓の力を見るかのように、熱心な信徒が根強い。
	規模	氏子数500戸		
	組織の構成	正・副の代表、任期2年で正副の交替。 他の6名は新人として、任期間に常時交替する。 氏子総代8名		
15	評価	結束が固く、管理がゆきとどいている。		

利用状況

	周辺住民の利用	利用状況は、数計しがたい。時々バスにて参拝者がおとずれる。毎月1日の月次祭には、70名以上の参拝者がある。 （駐車スペースが整備され、30台ぐらいは楽々である。）	広域的民間利用	佐々木一族の神として、佐々木姓を名のる全国広域に利用（参拝）者をもつ。
15	評価	全国からの参拝者が多い。	地域共同体との関わり	地域の中でも、組織的に大きな位置にある。

一般的価値評価

	自然的価値	農村地帯のなかの森として評価できる。	特記事項	全国に知られる有名な神社であるが、その改築には氏子の多大な負担におっている。最近の例では、1人50万円の負担で屋根の葺き替えが行なわれた。
	文化的価値	歴史的学術価値が高く、近江文化の発展をさぐることができる。明智光秀軍による攻撃や、火災等により、歴史的な美術工芸品、宝物などはのこされていない。		
	環境的価値	奥石神社につぐ大きな森を有し神社の雰囲気は、静寂の中にひきこまれるようである。		
	社会的価値	境内に大きな駐車場を構え、参拝者に対するサービスが十分に考慮されている。 全国にまたがる佐々木氏の氏神として、また、三井家の崇敬者があるなど知名度が高い。	将来予測と提言	佐々木姓名、近江原人の発生と、その歴史的なつながりが深いために、末長く、崇敬者をたやすことはないであろう。
15	評価	社殿・森の規模ともに立派である。		

都市の社

1　はじめに

資料等で判別できる人口六九、七二〇人の草津市*の現存神社境内地は五六社である。その概要を表14に示した。

これでみるかぎり境内地面積が二、五〇〇平方メートル以下の神社が全体の約八割を占めていることがわかる。一ヘクタール以上の面積をもつ大規模神社が二社みられるが、いずれも旧式内社である。一ヘクタール未満の境内地をもつ神社についてさらに細かくみると、二、五〇〇平方メートル以上が九社、二、五〇〇平方メートルから一、〇〇〇平方メートルまでが二二社、一、〇〇〇平方メートル以下が二三社と、かなり小規模神社も多いことがわかる。

一方、境内地の分布をみると、全市にわたって比較的均等に分布しており、ただ、東南部の丘陵地だけが旧集落の少なかったことを反映してか分布がみられない。

草津市の地形は、西北半分の平坦地と東南半分の丘陵地とに大きく二分され、それらの中央部に市街地が展開する形態である。そこで平坦部と市街地と丘陵地との神社境内地の分布をみると、それぞれ四四社、四社、八社、と圧倒的に平地立地型の神社が多い。しかもそれらは旧集落と強く結びついた、境内地面積二、五〇〇平方メートル以下の、小規模神社である。（表13参照）

＊　昭和53年現在

そして平坦部に立地する神社には鎮守の森としての様相を保持するものが少なくない。なかでも西北部平野部では農地のなかに突如として森がそびえる特徴的な景観がみられる。だが、現在の草津市は急速な人口増と無秩序な市街化が進みつつあり、農地が宅地化する過渡期にある。それにともない、森の景観も近い将来変容するであろうことは想像にかたくない。滋賀県の他地域と比較したとき、鎮守の森の周辺環境の変化がよりはやくおとずれるであろうことが指摘でき、そこに草津市の問題点も見出せる。

そこで当市の神社境内地の様相を把握する目的で、調査対象神社八社を選んだ。いずれも相互に境内地規模や立地条件が異なる神社であり、それぞれに特徴を有する。一ヘクタール以上の境内地面積をもち農村平坦部に立地する印《い》岐《き》志《し》呂《ろ》神社、二、五〇〇メートル以上の境内地面積をもつ代表神社に立木神社と三大神社（ただし前者は市街地立地型、後者は農村立地型を代表する）、五〇〇平方メートル以上の境内地面積をもつ代表神社に十二将《じゅうにしょう》神社と伊砂砂《いささ》神社と稲荷神社（それぞれ丘陵地立地型、市街地立地型、農村平地立地型を代表する）、五〇〇平方メートル以下の境内地面積をもつ代表神社に天満宮と武甕槌《たけみかづち》神社（前者は農村平地立地型、後者は市街地立地型を代表する）、以上の八社である。これらの神社境内地を詳細にみることで、草津市の神社境内地の様相はある程度、網羅できると思われる。

面積＼立地	農村平地	市街地	丘陵地	合　計
〜1 *ha*	1	—	1	2
1 *ha*〜0.25*ha*	5	2	2	9
0.25*ha*〜0.05*ha*	26	1	4	31
0.05 *ha*〜	12	1	1	14
合　　計	44	4	8	56

表13　草津市における規模別，立地別神社数

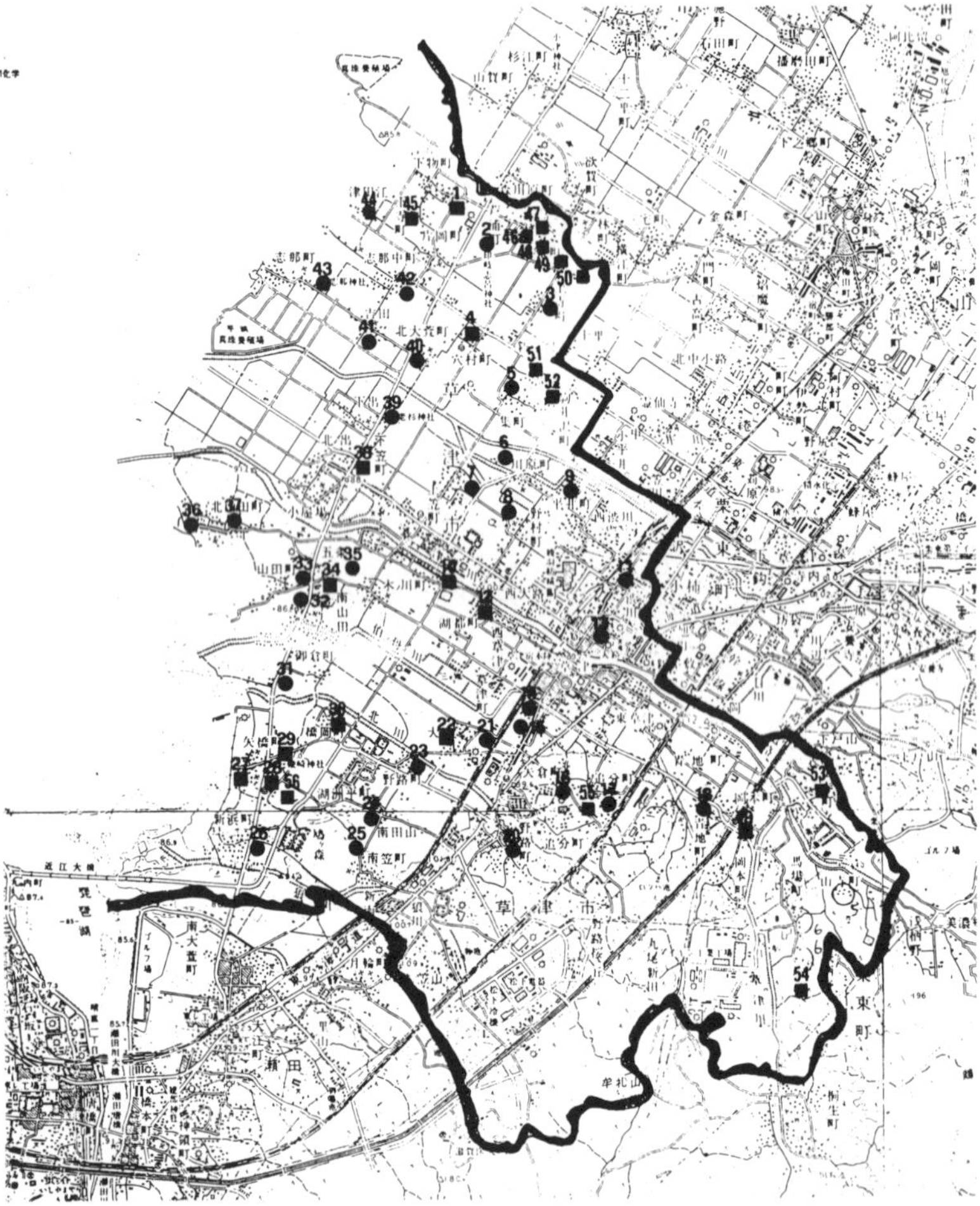

■印は法人格を
有さない神社
●印は法人格を
有する神社

図20　草津市内における神社境内地分布

(1)　～1ｈａ

地図上番号	神社名	所在地	境内面積（㎡）	法人格	旧社格	備考
②	印岐志呂神社	片岡245	19,555	○	県社	式内社
18	小槻神社	青地町873	10,771	○	郷社	式内社

(2)1ｈａ～0.25ｈａ

⑭	立木神社	草津4-1-3	8,877	○	郷社	
29	鞭崎神社	矢橋	7,154		郷社	表門重文
13	小汐井神社	大路2-2-33	3,864	○	村社	
10	砂原天神社	木川町	3,402	○	（新設）	
39	老杉神社	下笠町1196	3,372	○	村社	本殿・重文
31	子守神社	御倉町567	2,993	○	村社	
19	若宮大明神	岡本町	2,944		無格	
20	新宮神社	野路1674	2,531	○	村社	本殿・重文
㊶	三大神社	志那中町309	2,564	○	村社	石どうろう重文

(3)　0.25ｈａ～0.15ｈａ

17	八幡神社	追分418	2,399	○	無格	
25	治田神社	南笠925	2,336	○	村社	
36	山田八幡宮	北山田町10-1	2,284	○	村社	円墳・五条遺跡
21	若宮八幡神社	西矢倉1100	2,175	○	無格	さんやれ祭り
37	若宮神社	北山田町787	2,138	○	村社	
26	龍宮神社	新浜町50	2,075	○	村社	
33	渡海神社	山田町3	2,022	○	村社	
6	天神社	川原町201	1,858	○	村社	
42	惣社神社	志那中238	1,746	○	村社	
(53)	十二将神社	山寺町	1,630		無格	

(4)　0.15ｈａ～0.1ｈａ

地図上番号	神社名	所在地	境内面積㎡	法人格	旧社路	備考
3	天神神社	上寺町239	1,491	○	村社	
32	大宮若松神社	南山田町776	1,475	○	村社	
35	天神社	木川町542	1,416	○	村社	
49	春日神社	長束町	1,333		無格	印岐志呂神社の飛地境内社
⑪	伊砂砂神社	渋川2-2-1	1,254	○	村社	本殿・重文
9	熊野神社	平井町180	1,247	○	村社	
4	安羅神社	穴村町	1,234		無格	印岐志呂神社の飛地境内社
30	鞭崎神社	橋田	1,188		無格	
43	志那神社	志那中町727	1,066	○	村社	
40	大萱神社	大萱町500	1,058	○	村社	
7	天満宮	上笠町188	1,023	○	村社	上笠講おどり
54	八幡神社	馬場町	1,013		無格	

(5)　1,000㎡～500㎡

23	猿田彦神社	野路411	960	○	無格	
55	野上神社	追分町	891			
㉔	稲荷神社	野路1247	878	○	無格	
46	若宮神社	芦浦町	739		無格	印岐志呂神社の飛地境内社
1	天満宮	下物	617		無格	花橘寺の基段跡・印岐志呂の飛地境内社
56	野神神社	矢橋	600		無格	鞭崎神社旅所
27	稲荷神社	矢橋	548		無格	
34	山田正八幡宮	南山田	924		無格	
38	市場八幡神社	下笠町北出	594		無格	

(6)　500㎡～100㎡

5	正三神社	集町439	492	○	村社	正三位神社
16	稲荷神社	矢倉2-7-36	366	○	無格	
12	明治神社	木川	約 330		無格	
㉒	天満宮	矢倉（大塚）	277		無格	
28	新明神社	矢橋	275		無格	鞭崎神社旅所
52	八幡神社	駒井沢町	264		無格	
45	天満神社	下寺町	234		無格	おこない祭り　印岐志呂の飛地境内
8	安羅神社	野村町609	224	○	村社	
48	大将軍神社	芦浦町	215		無格	印岐志呂神社の飛地境内社

(7)　100㎡～

⑮	武甕槌神社	矢倉1-2-30	99	○	無格	
44	天満神社	下寺町(津田江)	92		無格	印岐志呂神社の飛地境内社
51	日吉神社	新堂町	50		無格	
47	荒龍神社	芦浦	79		無格	
50	大将軍神社	長束	83		無格	

注1　尚、追分町の野上神社と橋岡の鞭崎神社と木川町の明治神社、南山田の山田正八幡宮、矢倉の天満宮は大正15年の近江栗太郎志には掲載されていない。

注2　合祀・境内地（現在は独自の境内地をもたない）

神社名	所在地	境内地面積	法人格	旧社格	備考
都久夫須麻神社	野路町（野路）			無格	新宮神社へ合祠
八幡神社	野路町（野路）			無格	同上
大将軍神社	駒井沢町			無格	八幡神社へ合祠
二宮神社	片岡町			無格	印岐志呂神社の境内社
奥御前神社	片岡町			無格	同上
朝大神社	片岡町			無格	二宮神社に合祠
天神社	南笠町			無格	治田神社に合祠
厳島神社	山寺町			無格	十二将神社の境内社
大市神社 小市神社 客人神社	南山田町 南山田町 南山田町			無格 無格 無格	ともに大宮若松神社(32)へ合祠

注3　不明のもの

八幡神社	山寺町	330		無格	
王子神社	矢倉	634		無格	
小末神社	下笠町	373		無格	
大将軍神社	下笠町	205		無格	
地守神社	西草津				

表14　草津市内における神社境内地概要

2　伊砂砂神社

草津市中心部の市街地内に位置し、平安朝の頃の創祀といわれる。応仁二年（一四六八年）の棟札が現存し、明治二年に現神社になるまでは、大将軍神社と呼ばれた。祭神は石川比賣命、寒川比古命、寒川比女命、イザナギ尊、素盛男尊《すさのおのみこと》。旧村社格で、現在は法人格をもつ。境内に八幡神社、天満宮、稲荷神社の末社がある。

市街化区域内の住居地域にあり、旧中山道と伊砂砂川に接して一、二五四平方メートルの境内面

伊砂砂神社本殿・中門

伊砂砂神社本殿屋根

積をもつ。周辺には二階建の独立住宅が、ある程度の空地を保ちながら建ち並ぶ。参道はなく、旧街道に面して高さ五メートルの明神鳥居がたつ。

本殿には応仁二年の棟札があり、ともに重要文化財の指定をうけている。間口一・六七間、奥行一・八三間の流れ造り、桧皮葺。その周囲に透塀と中門があり、まとまりのある聖域を構成する。拝殿は入母屋、瓦葺き。境内地は小さいが、川と街道にはさまれた空地に、まとまりのある背面林と建築群が建ち並ぶ。

例祭、春、夏、秋の祭りの他に九月一三日に灯明祭りがあり、この折、古式行事にのっとって、三〇名程の男子による念仏講踊りが催される。他に本殿、棟札が重文であり、有形、無形、いずれの文化財も評価できる。

五町内、約一、二〇〇世帯の氏子を有し、この氏子会を本殿建立五〇〇年祭の時に奉賛会として組織替えしている。これにより社会的組織への衣更えを行ない、その代表者には旧の町内それぞれから町内会長が選ばれている。常駐宮司が積極的に境内地運営につとめ、日常的な清掃は宮司が、祭りの準備設営に老人会や婦人会が奉仕する形態である。

毎週土曜日に習字塾が開かれるなど、宮司の努力で一応の境内地利用がみられるが、地域との結びつきは宮司を介しての間接的なものにならざるをえない。

全体的にみると、昭和二七年当時二〇〇世帯であった氏子が六倍近くにも増加した人口増加地帯であり、規模の小さい神社にもかかわらず、鎮守の森の景観は比較的よく残されている。川に面する景観や、重文指定の本殿、それに住宅地内の閑静な空地性、宮司の努力などが評価できる。

3　天満宮

草津市中心部の旧集落内に位置し、正光寺の境内地に祀られている小祠である。綱敷《つなひき》天神の神影が正光寺に寄せられたことで時の住職が小祠を建てて祀ったことにはじまる。「天神さん」の通称で呼ばれる。祭神は菅原道真公で法人格はもたない。

市街化区域内の住居地域にあり、周辺には二階建の独立住宅が建ち並ぶ。社域面積二七七平方メートルと狭く、陸標認知半径もゼロに近い。周辺環境はあまり良くない。

天満宮神門

集落内幹線道路と境内地のあいだに神門がつくられ、これと正光寺の山門が隣接する。この神門―山門の建物が特徴的で、そこから一の鳥居（高さ三メートル、石造明神鳥居）まで一三メートル程の短い参道が認められる。

寺院建築を模した瓦葺きの本殿が建ち、内部は畳敷きであるのが特徴的である。隣接して正光寺の本殿、集会所があり、寺院境内の前庭的空地に神社の聖域が配される構成である。また墓地もあり、これらの多様な要素のあいだに障壁がないため、まとまりのない境内地の景観が残る。樹林は少なく、高木が点在する程度である。

古墳があり、神影が保管されている程度で、全体的には評価のできるものはあまりない。

氏子世帯五〇戸、総代三名と非常に小規模であり、これらを五組に分けて毎月二回の境内地の清掃にたずさわる。宮司がいないこともあり、小規模ながら境内地の管理は地域住民があたり、総代の選出も四〇歳台、五〇歳台、六〇歳台の各世代から出ており、毎月二五日の月次祭《つきなみ》に、この総代が神事を代行する。

地域密着型の管理運営がなされているため、子供の遊び場として最大限に利用されている。また寺院の集会場の建物では珠算教室が開かれ、そのための前庭的役割も果たしている。

全体としては、自然的、文化的、環境的価値はないが、小規模ながら、空地としてのレクリエーション価値と、境内地維持のために地域の氏子が協同する社会的価値が認められる。また神仏習合の典型的な事例でもある。なお、周辺に新興住宅地が形成されつつあり、将来的には環境悪化が予想される。

4　武甕槌《たけみかづち》神社

草津市中心部の市街地区に位置し、神護景雲元年（七六七年）立木神社の分霊を祀ったところから、武甕槌尊を祭神とする。通称は金光大神とよばれ、現在の境内地は矢倉町の財産区になっている。旧社格は無格であるが、法人格を有する。

市街化区域内の住居地域にあり、社域は九九平方メートルと大変狭い。旧街道沿いには建物が建ち並ぶが、背後には畑地や空地が広がる。

武甕槌神社本殿（左），神輿庫（右）

武甕槌神社本殿（祠）の屋根棟瓦

武甕槌神社境内地空地の表示

参道はないが、鳥居前に空地があり、これが周辺地区の駐車スペースや子供の遊び場を提供している。

小規模な祠と鳥居があり、その横に六坪程度の神輿庫があるが、いずれも評価できる建築物ではない。

矢倉町五一三世帯が氏子となっているが、同時に立木神社の氏子でもあり、その活動は立木神社に準ずる。

全体的にみると、数本の神木が散見されるのみで神社の形態は希薄であり、市街地内空地としての存在意義のほうが強い。子供の遊び場、駐車スペースとしての機能が現況では強いが、しかし、矢倉町には「さんやれ踊り」の古式を伝える氏子が居住するところから、その社会的、文化的価値を評価することができる。

5　印岐志呂《いきしろ》神社

草津市北部の田園地帯に位置し、延喜式記載の式内社である。敏達天皇一三年（六世紀）に鎮座されたと伝えられ、当地を開墾した人々の祖先神の祭場であったとされる。祭神は大己貴命《おおなむちのみこと》、国常立命《くにのとこたちのみこと》が祀られ、境内には多数の末社が存在する。旧県社格であり、現在、法人格をもつ。

市街化調整区域内にあり、集落外の畑地の真只中に存在するため、陸標認知距離も二キロメートルと広範囲である。社域面積一万九、五五五平方メートルで草津市でもっとも大規模な神社であり、その森の景観はよく保存されている。

県道沿いに両部鳥居が高々とそびえ、ここから幅員六メートルの参道が途中折れ曲がりながら一五〇メートル程続く。参道途中北側に農水路と境内林が、南側に田園地帯が展開し、これ以外の要素はあまり目につかない。参道は一度北に折れ曲がり、その正面に四脚門、拝殿、本殿と続くが、そのアプローチは奥行の深い神社を意識させる。

本殿は間口五間の流れ造り、桧皮葺き、その周辺を透塀中門が囲む。拝殿は高床式でない横拝殿であるのが特徴的である。昭和五七年に社務所が建立されており、これらの建築群と樹林がつくる境内空間は、荘厳な雰囲気を醸成する。

　行事は様々あるが、いずれも一般的な祭りが主で、独自の文化性はみられない。ただ当社出品の「銅鉾」が琵琶湖文化会館に収められており、周辺地域からは、石斧、石剣等が多数出土している。

　一三町内、一、〇〇〇戸程度の氏子世帯が存在するが、新規参入者と旧来の氏子とのまとまりには欠ける。氏子総代により積極的な境内地管理がなされている点が評価される。

　集落から離れており、日常的な利用はあまりみられない。結婚式も過去には多くとりおこなわれたが、料理の準備等関連設備が整ってないところから現在ではやめている。しかし、広大な敷地や

印岐志呂神社鳥居

印岐志呂神社四脚門から拝殿をみる

歴史的遺産である森の景観を基礎に、今後の対策如何では利用が増大しうる神社である。

全体的にみると、これといって特別な突出した価値はないが、文化的、環境的、レクリエーション的、社会的価値の総合としてみた時、鎮守の森としての評価は高い。

6 三大神社《さんだい》

草津市北部の田園地帯に位置し、条里制の残る旧吉田集落内にある。

近江朝の頃に風神二神を祀ったことに始まり、その後、推古天皇の霊を加えて三大権現と称す。祭神は志那津彦命《しなつひこのみこと》、志那津姫命《しなつひめのみこと》、大宅主命《おおやかつぬしのみこと》。旧村社格で現在法人格を有す。

市街化調整区域内にあり、境内地の周囲には農村家屋が点在するが、その外側は田園地帯であり、陸標認知半径も一キロメートルと遠くから神社がよく認められる。農村集落の中心に存在し、周辺環境とうまく調和している。境内地面積が二、五六四平方メートルあり、西側に湿地帯が隣接する。

境内地内参道は境内地北側の道路から幅員九メートルで、長さ六〇メートルある。そこには石造の明神鳥居、生垣、藤棚等があるが、整然とはしているものの、とりたてての工夫は認められない。

参道と本殿、拝殿の配置がL字型構成であり、本殿は間口二・五間、奥行三・五間の流れ造り、銅板葺きである。拝殿は、昭和五〇年に二度目の建て替えをした建物である。建築群による境内地の景観には、素朴なまとまりがみられる反面、これといった素晴らしいものにも欠ける。スギを主体とする樹林は、社域面積からするとむしろ少ないくらいであり、森らしい雰囲気をつくりあげるには至らない。

三大神社鳥居と参道

三大神社参道より透塀と本殿をみる

国宝の石燈籠と草津市指定の文化財の経文箱、京都市博物館に出品中の「鞘」等が有形のものとして評価される。また無形のものに「さんやれ踊り」がある。小集落の神社で評価対象になる文化財がみられる点が興味深い。

吉田町六八世帯のみで総代が三名選出されている。毎月一回、老人クラブにより境内の清掃がおこなわれ、婦人会と子供会による森林手入れが年に一回、七月に催される。

境内地内に社務所を兼ねた集会施設があり、広場空間も充分とられている。藤棚が名物になっており、親しみやすい子供の遊び場としてよく機能している。

全体的にみると、古文書などの資料もあって鎮守の森の典型として学術的価値があること、集落の中心に位置することで潜在的な環境価値が大きいこと、地域との直接的な結びつきがあり社会的価値も高いことなどが評価されるが、自然環境に改良の余地が残される素朴な神社である。

7　立木神社

草津市中心部の市街地区に位置し、武甕槌尊を祀る旧郷社格。法人格を有する。草津および矢倉集落の鎮守の社で、古くから地域との結びつきが非常に深い。

神護景雲元年（七六七年）に常陸国鹿島より勧請され、鎮座地の柿の木が深い由緒のあったことから立木神社と命名される。境内社は多数あり、それぞれ祠、社を有する。

市街化区域内住居地域にあり、旧街道沿いの密集市街地の一画に九、〇〇〇平方メートル程の境内地を有する。北側を都市幹線、西側を国鉄が通る。

旧東海道に接して境内地が続き、一の鳥居から四脚門まで、約五〇メートル程の境内地内参道が認められる。その両側は人工的に整備され、石燈籠や樹木が配置され、短いながら整備された参道の趣きがある。祭りの日には各町内からでる神輿がここに一堂に集まる。

宝亀九年（七七八年）勅命により本殿が奉納されるが、明治四四年に焼失し、数年後再建され現在に至る。間口四間、奥行三間の流れ造りで、周囲に廻廊と中門がみられる。拝殿は三間四方の入母屋で、さらにこの南には、長享元年（一四八七年）足利義尚の奉納とされる四脚門が設けられている。参道、四脚門、拝殿、本殿が軸状配置をもち、その両側に参集殿（斎館）、社務所、英霊殿、

立木神社参道

立木神社拝殿

境内社、手水舎が並ぶ。境内には多数の神木があって、いずれも大木である。背面林もかなり広い。

五月三日の例大祭には矢倉町民による「さんやれ踊り」が奉納されること、境内に旧中山道の道標を保存していること等が散見しうるが、評価する文化財はとくにみられない。

旧草津町（九町内）の四、六〇〇世帯が氏子となり、これらが三五組に分かれてそれぞれから五〇名の総代が選出されている。この他、神事係として、各組より三〜五名の世話役が選ばれており、組織としては近代的な形態をとるが、いずれも祭りの際に機能するだけで、日常の維持、管理には神社職員が専任にあたる。氏子数は多いが、神職側のイニシアチブが強いようである。

境内地が広く、「参集殿」なる専用の集会場もあるため、結婚式や各種展示会、地域集会にも幅広く利用される。また古くからの鎮守の社であるところから一般の参拝者も多い。

全体的にみると市街地立地型の鎮守の森の典型であること、それだけに境内樹林の環境的価値が高いこと、集会施設の機能に秀れていること、などが評価できる神社である。

8 十二将神社《じゆうにしよう》

草津市東南部の山寺町に位置し、応神天皇を祀る旧無格社。法人格はなく、「小宮さん」の通称で知られる。

勧請時期は不詳であるが、当初「楽音寺」なる寺の境内に一二カ月を分掌して、国土人民の平安を護る神が鎮座されたことにはじまるとされる。一時兵火を罹り焼失するも、貞享四年（一六八七年）に村人が薬師堂を再建し、その折に当社も再興されたところから薬師如来との縁故が深い神社といわれる。境内社には「祇園さん」と「弁財天」が祀られ、それぞれの神事、祭りがみられる。

市街化区域内の工業地域にあり、境内域は一、六三〇平方メートルと小さいが、集落を離れて丘陵地にあるため、周囲には針葉樹、広葉樹の混成樹林が残る。静かな周辺環境に加えて鎮守の森の景観は良く残っている。

集落内幹線道路より幅員二メートル程の参道が二〇〇メートルあまり続くが、現在その四分の三程度が道路拡幅のため工事中である。この参道に沿ってその両側には畑地、樹林帯が展開し、人家はみられない。高さ三・五メートル程の石造明神鳥居が参道の平坦部が終わるあたりに建てられ、これを潜るとわずかな勾配で登り参道となる。奥行の深い神社を演出する参道である。

建築物は本殿、拝殿、手水舎のほか、「弁財天」や「祇園さん」の二つの祠があり、その祠の上に瓦屋根が別途かけられている。間口一間、流れ造り、桧皮葺の本殿はかなり荒廃しているが、一応の形態は保持している。その周囲に透塀および中門があり、これらは最近改修されたものである。拝殿は二間四方の入母屋造りで瓦屋根であるが、風雨による痛みが激しい。本殿は評価できるが、他は荒廃が著しい。聖域内基本要素と聖域外のそれとの高さによる分離が明確である点が興味深い。

祭礼は五月末の弁財天、六月一四日（旧暦）の祇園さん、八月一二日（旧暦）の十二将神社の祭

十二将神社参道

十二将神社本殿（左），拝殿（右）

礼の他、湯立て行事がみられる。また楽音寺の古跡があり、後背地には古墳も多い。

山寺町内の氏子のみで構成され、その数は五七世帯と少ない。全体が小槻神社の氏子でもあり、その五つの氏子組織のひとつを構成しているところから、むしろ小槻《こつき》神社の運営に力点が置かれている。しかし、六人の世話役が選ばれ、三つの境内社の管理運営にあたり、境内の清掃は月一回老人クラブがあたるという。

全体的には、山寺町の地域の鎮守であること、自然環境が豊かであること、保存しやすい現状にあることなどが評価できるが、公共事業で後背地の古墳群が破壊されていたり、氏子組織の将来的な可能性が希薄であるといった問題点がある。

9　稲荷神社

草津市中南部の南田山集落外縁部に位置し、宇迦御魂《うがのみたま》を祭神とする。

天正七年（一五七九年）に土地の豪族が勧請したと伝えられ、旧膳所藩の崇敬を得た。境内摂社に大己貴命を祀る稲荷神社があり、その下に南田山古墳群の遺跡がある。現在は法人格を有する。

市街化調整区域内にあり、北側を農業用水路が流れ、独立住宅が点在する田園的風景のなかに、こんもりと境内林がそびえる。境内地面積八七八平方メートルと小規模である。

幅員四・六メートル、長さ一八メートルの参道が認められ、二つの鳥居と低い竹垣、燈籠一対、それに植栽されたマツ、サクラが点在する。素朴でこじんまりとした参道であり、祭礼時には近くの猿田彦神社の御旅所になる。

稲荷神社参道より入口を望む

本殿（右）と大己貴命を祀る稲荷神社鳥居（左）

小規模な祠（本殿）と神輿庫、社務所、それに、石窟の上に境内摂社の本殿が建つが、いずれも評価されるものではない。しかし、背面林は境内地規模に比して豊かであり、保存状態も良好である。マツ、スギが主体で、最近植栽もされている。

南田山古墳群が近くにあり、境内の石窟が評価される。

九〇世帯程の氏子を有するが、支援の重点は猿田彦神社に向けられ、その御旅所として、祭礼時に境内地整備がされる。しかし、植樹したり、境内の維持管理のゆきとどいた姿は、充分に氏子の支援が認められる。

日常的な利用は全くない。
全体的にみると、学術的価値と環境的価値が評価され、積極的な植樹活動も神社規模に比べれば評価できる。

10 むすび

調査対象神社八社の相互比較をとおして草津市の鎮守の森の現況と評価を試みると、次のことが指摘できる。ただし、草津市にみる神社境内地五六カ所のうちの八カ所についての調査結果からのまとめであるので、それに該当しない神社もあろうかと思われるが、調査対象地に立地条件、規模のそれぞれ異なるタイプの神社をとりあげており、いずれの事例も一定の代表性は認められる。

湖岸よりの平坦地の土地利用は、まだ農地が多く、これらのあいだに立地する神社は良好な周辺環境を保持している。遠くから鎮守の森が明確に認知でき、田園地帯のシンボル的要素が認められる。しかし、集落内に位置するものについては、樹木が少ないものもあり、たとえば天満宮のように樹木が点在するだけの境内地もある。市街地内にみる神社は、参道も認められず、二階建ての住居の建ち並ぶ密集市街地のなかに境内が立地する。

それだけに境内地のもつ環境的価値は高くなろうが、樹木を十分に擁しうる境内地面積としては、一、〇〇〇平方メートル以上は必要かと思われる。立木神社や伊砂砂神社は、この意味で環境的価値が大変高いと思われる。これに対し丘陵地の神社は、後背および周囲に域外樹林が残っているため、大規模な宅造や交通施設の立地をみないところでは、小規模でも鎮守の森の景観が保存されや

神社名	/120	神社名	/120
印岐志路神社	90	十二将神社	70
三大神社	85	稲荷神社	70
伊砂砂神社	80	天満宮	65
立木神社	70	武甕槌神社	40

表15　評価試算比較

すい。また丘陵斜面に境内地が認められるため、その参道も出現しやすい。

文化的価値についてみると、本殿はすべて流れ造り、桧皮葺きであり、草津市の特徴を示すが、その代表が伊砂砂神社の本殿である。境内地規模が小さくなれば当然、建築物群のもつ品位も下がるが、これとは別に、農村平坦部や丘陵地の建物には老朽化したものが多いことも挙げられる。それに草津市の特徴として、古墳群と鎮守の森の関係も無視できない。

社会的価値は、市街地では商店街に近接する中規模の神社や、農村部の小規模神社に地域密着型の管理運営がみられ、それだけ地域社会の共同体の核になり得ていると評価できる。氏子世帯数が一〇〇世帯以上になると、総代が積極的に奉仕する形態が多くなり、地域住民は境内地に対して、間接的な関心を抱く傾向が強いようである。

最後に評価試算の結果を比較してみると、印岐志呂神社がもっとも高く、武甕槌神社がもっとも低くなったが、境内地の現状からみると妥当な結果のように思われる。一般に、農村平坦部の大規模神社の評価が高くでて、市街地小規模神社のそれが低くなることが推測される。これは逆に、市街地小規模神社の問題点を示しているともいえる。なお、そのなかでも伊砂砂神社のように、小さくともまとまりのある境内地の得られる場合のあることも留意しておきたい。

鎮守の森調査カード（Ⅰ）

県	市町村	№.	調査期日	調査者		総合評価
滋	草津	1	昭56年12月12日	氏名 A．K	所属 D	80/120

一般事項

名称	伊《い》砂《さ》砂《さ》神社	通称・俗称	大将軍社（昔の名）
住所	草津市渋川２－２－１	前住所	——
所有者	宗教法人・伊砂砂神社	管理者	亀田戸和太
宮司	亀田戸和太	法人格	㊒ ・ 無
社格	（旧）村社	延喜式内社	記載 ・ ㊧無

縁起来歴	創祀は平安朝の頃と考えられる（社名より推考）。 應仁２年　本殿を奉建した記録（棟札）がある。 明治２年　現在に改む。 明治41年　神饌幣帛料、供進神社の指定。
祭神	石長比賣命、寒川比古命、寒川比女命、イザナギ之尊 素盛男尊
摂社・末社	摂社　八幡神社、天満宮、稲荷神社 末社

周辺環境と社域

法規制関係	市街化区域 住居地域
陸標認知半径	約20メートル
社域面積	1,254 ㎡

周辺環境（土地利用・集落との位置関係等）

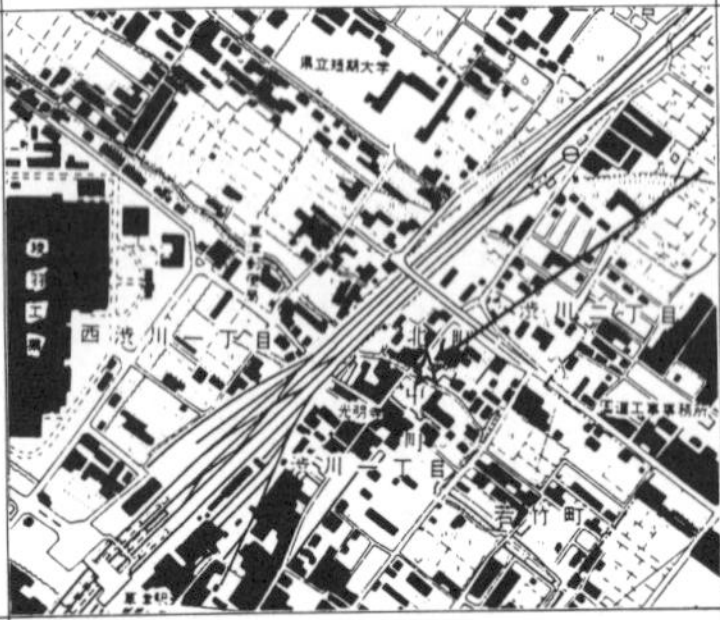

〈社域の構成〉

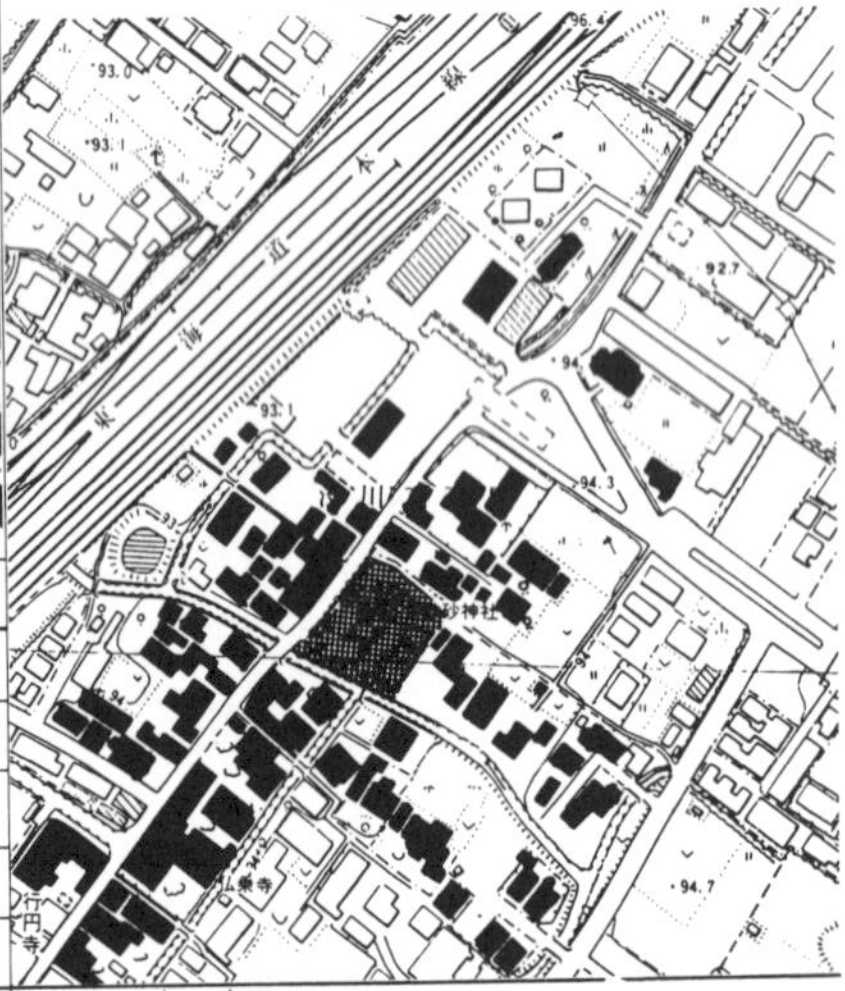

10	評価	旧中仙道沿、伊砂砂川を南に控える。２階建住居が連なる。

参道

規模	幅員　—　m・延長　—　m
一の鳥居主要な鳥居	様式　明神鳥居　材質　石　規模　H＝5 m
主要構成要素	——
御旅所御興の巡行構成	——
改変状況等	——

0	評価	参道なし、中仙道であった西側の道から直接入る。

社殿建築

規模 創建年代 形式 建築資材 改築状況	応仁２年　11月13日（棟札より） 本殿；流造、桧皮葺、間口1.67間、奥行1.83間 中門；切妻造、桧皮葺、間口1.1間、 透塀；間口4.2間、奥行4.7間、桧材、桧皮葺 拝殿；入母屋造、桧材、瓦葺、廻縁高欄付

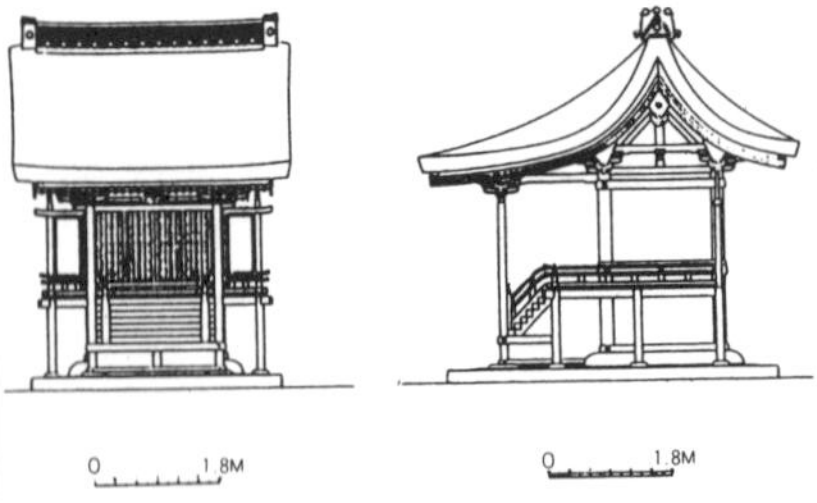

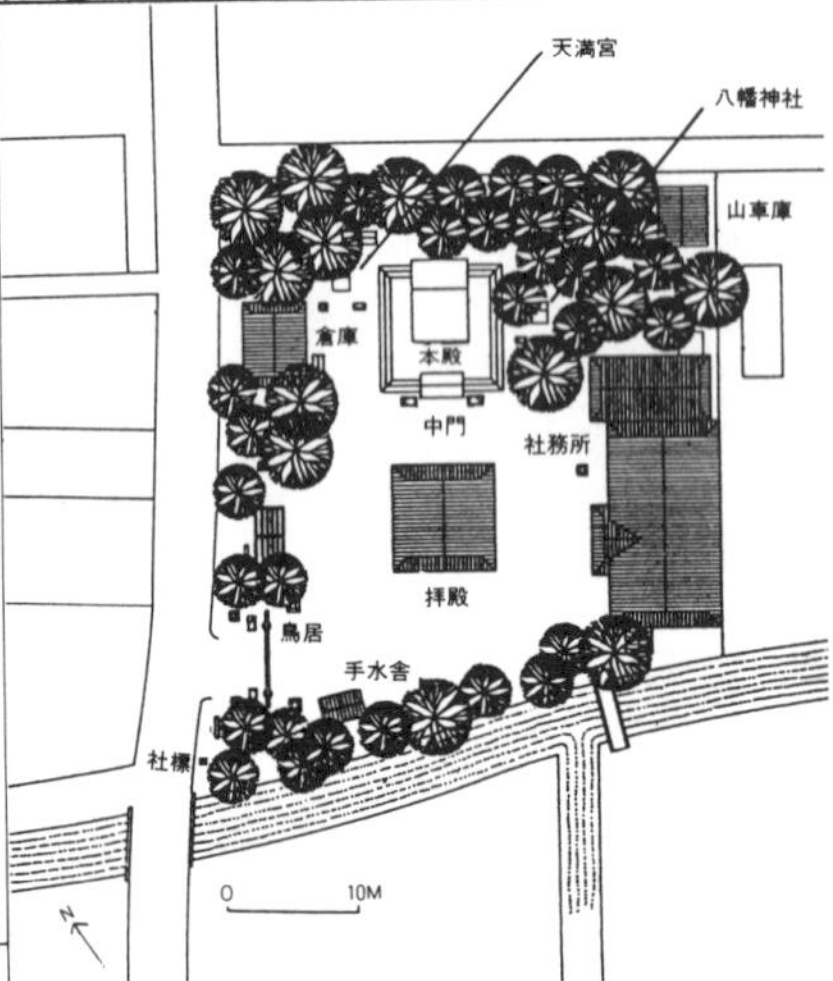

15	評価	本殿が大正10年に重文指定、まとまった社殿建築である。

鎮守の森調査カード（Ⅱ）

伊砂砂神社

樹林・その他の自然

標高	～94 m	微地形	平坦地	水相	小川が隣接している。
風当	強　中　(弱)	日当	陽・(中陽)・陰	動物相	モズ、カラスが多い（本殿右手のクスに巣がある）
土壌 腐植	境内広場と樹林地境は明確でなく清掃等の人為的干渉や、樹林そのものの幅が狭いため腐植層の推積は乏しい。			樹林面積	約0.06 ha
樹林名称	ケヤキを主とする大木林			その他	ウバメガシ（H＝15、C＝150）は本来海岸性のものであり、内陸地でこのような高木になるのは比較的稀である。
樹林の特徴	高木としては樹高15m前後のケヤキ、エノキ、クスノキが目立つが、樹林を形成しうる程の幅がないため、基本的には単木の集まった社叢となっている（外観としては樹林として見える）。				
樹林構成と出現種	右図参照				
保存利用状況	林内の一部がゴミ捨て場となっている。				
古木・名木大木の状況	右図参照（ケヤキC＝270、C＝190、C＝136、C＝100、本殿左手奥のウバメガシ H＝15、C＝150 はめずらしい）				
10 評価	小面積タイプの神社の樹林の良好な事例として評価できる。				

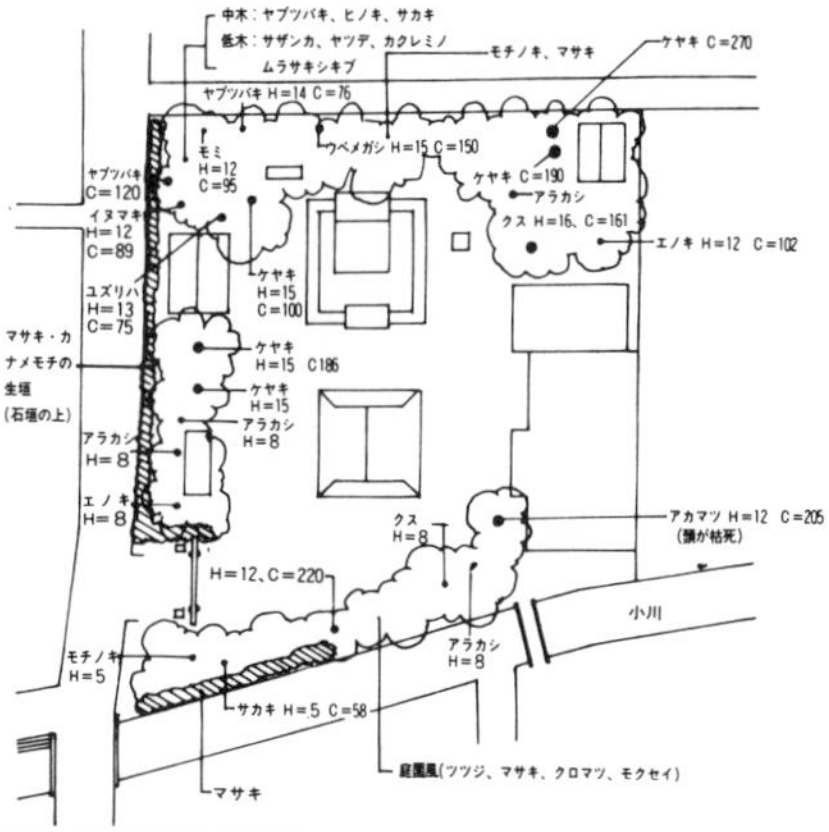

文化財

祭礼年中行事	9月13日　灯明祭（古式行事） 例祭　5月3日、春祭り、秋祭り（秋分、春分の日） 夏祭　7月13日	遺跡 美術工芸品 伝統技術 伝承芸能 説話等	花踊り。灯明祭の折に男子だけが踊る一種の念仏講踊り。 （古くからの行事） 現在30名程の男子が参加。
指定文化財	本殿および棟札応仁2年建立、元禄4年改修。		
15 評価	有形・無形ともに評価できる文化財あり。		

氏子等の支援組織

名称	――	代表者	12名（旧町内会代表）	活動内容および活動性（奉仕活動）	本殿建立500年祭の時に奉賛会をつくり、地域の活動を近代化した。これで宗教的組織から社会的組織への衣がえをしている。 日常的な境内地の清掃は神主がするが、祭の前や（老人会）盆には（婦人会）氏子が奉仕する。 祭や正月の飾りつけは総代がおこなう。
規模	5町内、渋川1丁目、2丁目、西渋川1丁目、2丁目 若竹町　（約1200世帯）				
組織の構成	氏子会を奉賛会として組織している。 自治会の区長を奉賛会の会長にすえている。 氏子総代は旧町内（12町）の氏子総代を認めている。				
10 評価	宮司が積極的であり、氏子祭りの時に支援する。				

利用状況

周辺住民の利用	毎週土曜日に小中学生を集めて習字の塾を開いている。	広域的民間利用	あまりみられない。
10 評価	宮司の努力でまあまあの利用状況である。	地域共同体との関わり	宮司が積極的であるところから地域との結びつきにはワン・クッションある。

一般的価値評価

自然的価値	小規模神社における森の現出可能性を示している点で評価できる。	特記事項	昭和27年当時の氏子数は200世帯。
文化的価値	重文本殿がある。		
環境的価値	中位、川に面する点が評価できる。		
社会的価値	あまりない。 住宅地で子供の集り場所であるところが評価できる。	将来予測と提言	是非保存して、整備をすすめることが望まれる。
10 評価	小規模のわりにはよくまとまった神社である。		

鎮守の森調査カード（Ⅰ）

県	市町村	No.	調査期日	調査者	総合評価
滋	草津	5	昭57年1月20日	氏名 A．K　所属 D	75/120

一般事項

名称	立《たち》木《き》神社	通称・俗称	――	縁起来歴	稲徳天皇　神護景雲元年　常陸国鹿島より勧請鎮座地の柿の木が深い由緒のあったことから、立木大明神と呼んだ。宝亀8年、宇治川の水枯れに湖辺の当神社に勅願があり、翌年社殿が奉献される。
住所	草津市4丁目―1―3	前住所	――		
所有者	宗教法人・立木神社	管理者	代表役員 中村武夫		
宮司	中村武夫	法人格	㊒・無	祭神	武甕槌神
社格	（旧）郷社（M14）	延喜式内社	記載・㊡	摂社・末社	摂社 多賀神社、熊野神社、龍田神社 末社 竹生島神社、日吉神社、廣田神社、恵美須神社、稲荷神社、等

周辺環境と社域

法規制関係	市街化区域 住居地域　（道路を隔てて反対側が近隣商業地域）	陸標認知半径	100メートル前後
		社域面積	8,877㎡

周辺環境（土地利用・集落との位置関係等）

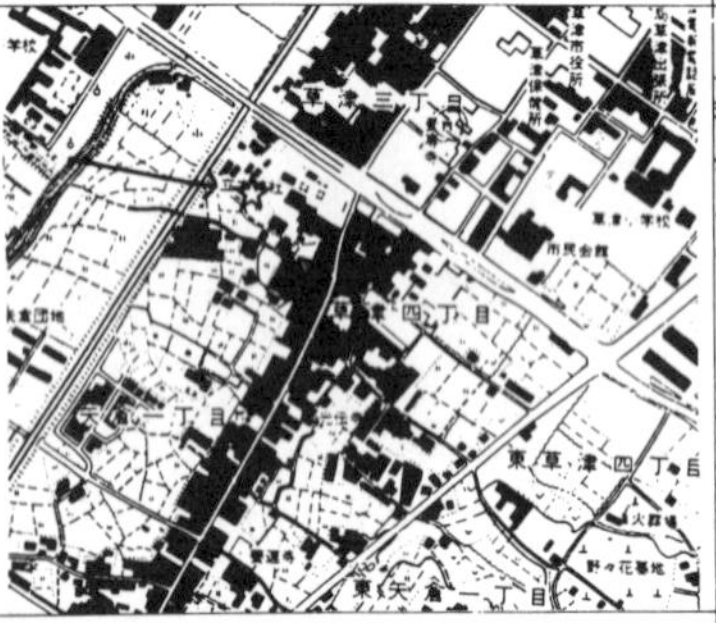

（社域の構成）

10	評価	旧街道沿いの市街地であるが、鉄道、幹線道が通る。

参道

規模	幅員　m・延長 50 m	一の鳥居 主要な鳥居	様式　材質　規模 明神鳥居　石　H≒5.5m
主要構成要素	境内の内部である石燈籠、樹木、鳥居		
御旅所 御輿の巡行構成	各町内から神輿が立木神社に集まる。		
改変状況等	――		
5　評価	鳥居から四脚門までの短かい距離であり、整然としている。		

社殿建築

規模 創建年代 形式 建築資材 改築状況	宝亀九年　勅により社殿の造営（正一位　立木大明神） 四脚門は長享元年（足利義尚）奉納と伝えられる。 本殿　流造　12坪 拝殿　9坪 他に中門廻廊　四脚門あり	明治44年に焼失、数年後に再建と伝える。

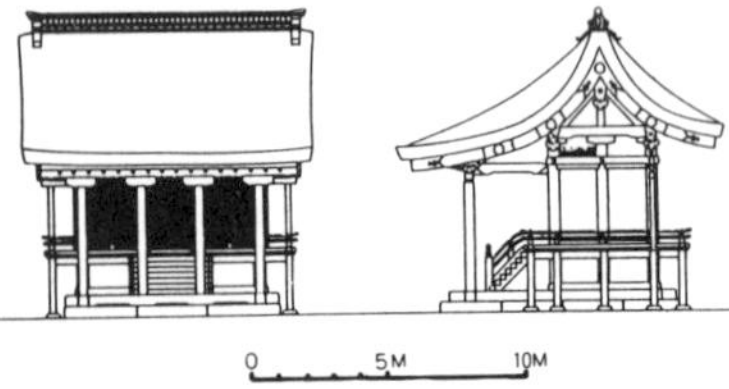

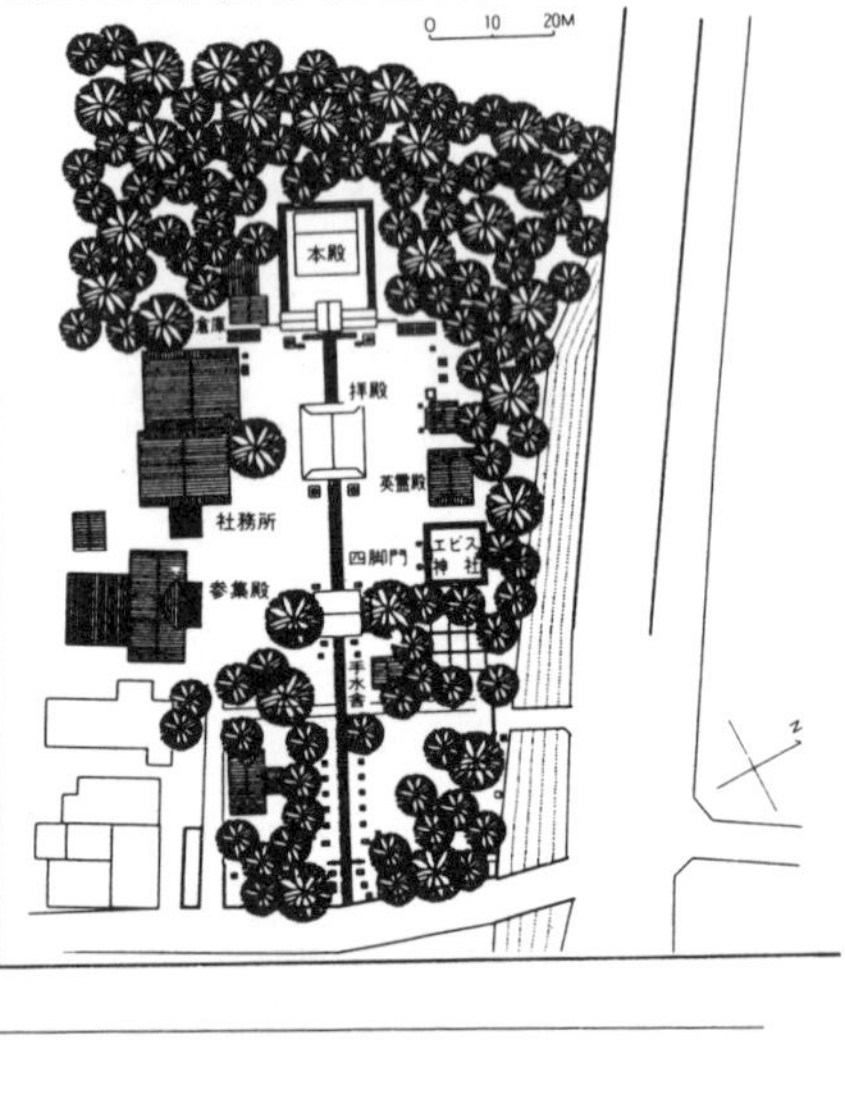

10	評価	整った建築群である。

鎮守の森調査カード（Ⅱ）

立木神社

樹林・その他の自然

標高	～ 96 m	微地形	平坦地	水相	境内の北側に隣接して小川が、また、境内に池泉がある。
風当	強 ㊥ 弱	日当	㊐陽・中陽・陰	動物相	野鳥が比較的多い。
土壌 腐植	本殿背後地のみが良好であり、他は境内地の延長として使用されているため不良。			樹林面積	0.55 ha
樹林名称	クス、アラカシ等の残存自然林とケヤキ、ムクノキ、モチノキ等大木林			その他	「自然公園・立木の森」昭44年 草尚会の石碑がある。
樹林の特徴	本殿背後の樹林は残存自然林に近いタイプであるが、境内廻りの樹林地は人為的な植栽のウエイトが大きい。				
樹林構成と出現種	本殿背後の樹林の構成 高木層（15～10m）：クス、アラカシ、アカマツ 亜高木層（10～6m）：アラカシ、スギ、ヤブツバキ、カナメモチ 低木層（6～1m）：ヤブツバキ、サカキ、イヌツゲ、ヤツデ、アリドウシ、チャノキ、アラカシ 草本層（0.5m以下）：ビナンカズラ、ベニシダ、カクレミノ、マンリョウ、シュロ 境内廻りはメタセコイア、ヒマラヤスギ等外来樹種が単木的に植栽されている。				
保存利用状況	スギ、ヒノキ等の補植もなされているが、全体的に林内へ立入が多く、本殿背後の以外樹林の林床は、草木層は皆無に近い。				
古木・名木大木の状況	ウラジロガシ（H=16 根廻り504cm）の他、クス、ケヤキ、モチノキ等の大木が多い。神木（カキノキ）				
15 評価	市街地内の比較的大きな樹林として規模的にも質的にも評価できる。				

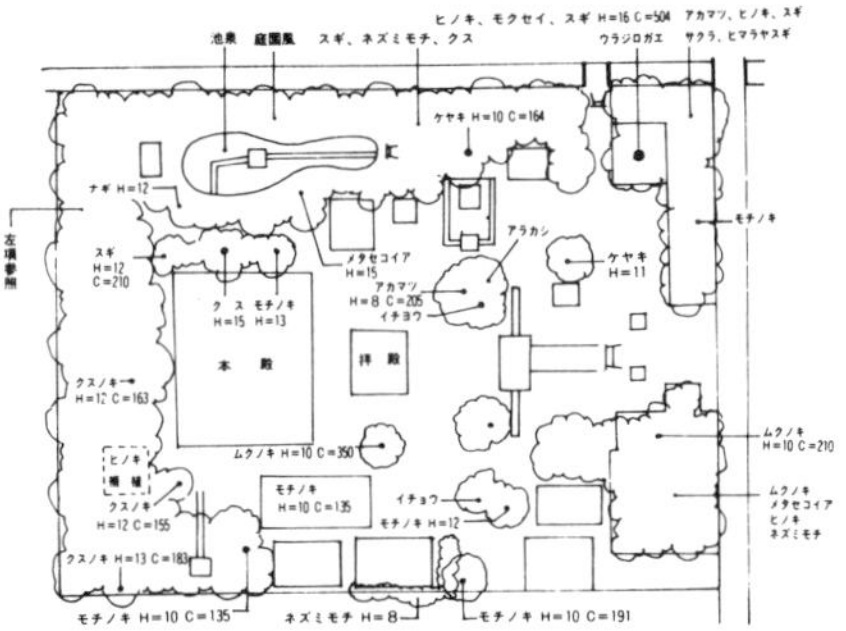

文化財

祭礼 年中行事	例大祭 5月3日 新嘗祭 11月23日 祈年祭 3月中旬以後の日曜 （三大祭り） 厄除祭2月3日 その他 月次祭 末社のために（つきなめ）	遺跡 美術工芸品 伝統技術 伝承芸能 説話等	さんやれ踊り（5月3日の例祭）の適宜奉納（矢倉町民） 境内に旧中仙道の道標を保存。
指定文化財	――		
5 評価	一般的である。		

氏子等の支援組織

名称	――	代表者	宮仕と代表役員 5名	活動内容および活動性（奉仕活動）	日常の清掃は神社職員が専任にあたる。例大祭等の祭りの時には町内が当番にてあたる。4年に1回当番がまわる仕組み。祭りの時に限られる活動が多い。
規模	旧草津町（草津1～4丁目、矢倉、東矢倉、西矢倉、東草津、西草津）氏子約4600世帯				
組織の構成	35組に分かれ、それぞれから合計50名の総代が選ばれている。そして神事係としてこのほかに3名～5名／組が選ばれている。				
10 評価	氏子数は多いが、宮司側がイニシアチブを強くもつ。				

利用状況

周辺住民の利用	境内地が広く、「参集殿」なる集会場があるため、それなりに利用されている。	広域的民間利用	結婚式場や各種展示会、集会に利用。
		地域共同体との関わり	施設利用を通じたもの、祭りを通じたものが主である。
10 評価	参拝者が多い。		

一般的価値評価

自然的価値	鎮守の森の市街地立地型の典型である。	特記事項	青年会議所草津町支部の建物が境内地内に立地する。
文化的価値	あまりみるべきものはない。		
環境的価値	市街地のなかの大規模神社であり、樹林も多く価値は高い。		
社会的価値	結婚式場、集会場をもち、境内地内で各種の催し物も多い。昔より鎮守の社であったことから広く草津、矢倉の地域と結びついている。	将来予測と提言	都市型の神社として繁栄すると思われる。
10 評価	中の上と考えられる。		

評価

この調査では、各鎮守の森について、一般事項をはじめとする九つの項目に分けて、それぞれ現況を調べてきた。

そのうち周辺環境と社域、参道、社殿建築、樹林その他の自然、文化財、氏子等の支援組織、利用状況、一般的価値評価の八つの調査項目については、それぞれの調査者が評価し、評価点を各項目一五点、合計一二〇点で付けてきた。このような方法で各神社を評価することは問題がないわけではないが、今後の保存・修景の作業へつなぐための目安として、あえて優劣をつけてみたものである。

優劣の基準は八つの評価項目からも理解されるように、鎮守の森とその置かれている環境との関係、参道・社殿建築・社叢・文化財のように鎮守の森に内包される物質的なものの内容のよさ、また利用・管理面を含めて鎮守の森を核とする地域コミュニティの関わりの程度、以上の総合的関連というように、鎮守の森を取りまく諸々のもの、あるいは総体としての鎮守の森のよさを尺度としている。これは後で述べるように鎮守の森＝伝統的環境財という視点に立つものである。

以上のような考え方から、四地域二八カ所の鎮守の森の評価結果を整理すると、図21のように一覧される。図21では縦軸に評価点、横軸に規模をとっている。評価点の上位から並べると下記のとおりである。
一一五点……沙沙貴神社（安土）・奥石神社（安土）
一〇〇点……伊香具神社（木之本）、意富布良神社（木之本）
九五点……鎌若宮神社（安土）
九〇点……活津彦根神社（安土）、大宮神社（朽木）、印岐志呂神社（草津）
八五点……与志漏神社（木之本）
八〇点……伊砂砂神社（草津）、迩々杵神社（朽木）、三大神社（草津）
七五点……立木神社（草津）、日吉神社（安土）
七〇点……稲荷神社（草津）、石作・玉作神社（木之本）、若宮神社（朽木）
六五点……天満宮（草津）、石部神社（安土）、八幡神社（安土）、若宮八幡神社（安土）
六〇点……佐波加刀神社（木之本）
五五点……伊吹神社（朽木）
四五点……八幡神社（朽木）
三五点……武甕槌神社（草津）、志子淵神社（朽木）
三〇点……八幡神社（朽木）、山神社（朽木）
以上の二八社の平均評価点は、約七〇点である。各鎮守の森の評価点の結果をみると、以下のような傾向が指摘される。

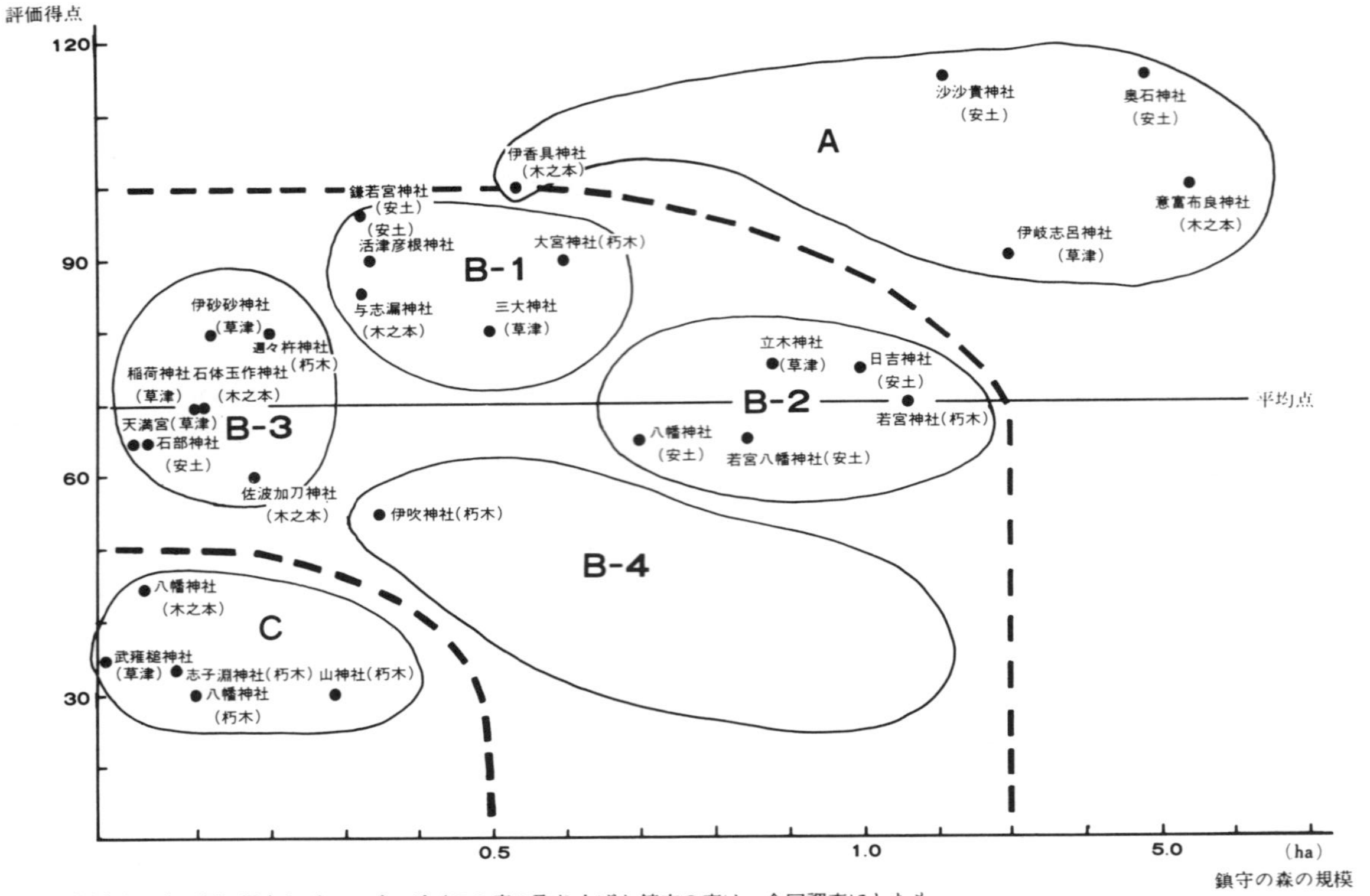

図21　各鎮守の森の評価得点とグルーピング（この表に取り上げた鎮守の森は，今回調査にしたもののうち社域面積の確認できた28カ所のみを表示している）

i　二〜三ヘクタール以上の大規模な神社四社では、比較的高得点を占めている（これらはともに式内社で歴史にゆかりが深いものばかりである）。
ii　一ヘクタール前後の神社六社では、高得点、低得点を示すのがなく平均点前後に集中している。
iii　〇・三ヘクタールから〇・六ヘクタールの神社では、平均点以上から一〇〇点以下の範囲にまとまっている。
iv　〇・三ヘクタール以下の神社では、大きく二つのグループに分けられ、五〇〜三〇点の範囲にあるグループ（五社、そのうち過疎地山間地である朽木にあるものが三社）、平均点前後にあるグループである。

このような傾向は、単に滋賀県内一千数百社あるうちの二八社についてのものであるが、この結果と、各鎮守の森を今回調査した印象等を比較すると、ほぼ納得しうるように思われる。したがって、この成果をベースにいくつかのグルーピングを行うと、図20に示すように、大きく上、中、下の三グループ、六タイプに分けることが可能である。各タイプは次のように性格づけられる。

Aタイプ

滋賀県や県内各地方（湖北・湖南・湖西・湖東、あるいは各郡）を代表する鎮守の森である。今回の二八カ所の調査では出現しなかったが、二ヘクタール以上の神社で評価得点が平均点前後というタイプが出てくる可能性はある。

Bタイプ

このタイプは、県内でほぼ中位に属し、その中でB—一タイプは比較的小規模ながら評価項目の各得点がバランスして上位あるいは、いくつかの評価項目にすぐれた点をもつタイプであると考えられる。

B—二タイプは、やや規模が大きいが、各評価項目で平均的な得点を得ているタイプである。このタイプはその規模の面から都市地域にあっては、都市の骨格的緑地、避難緑地等防災機能をもつ緑地としての評価・位置づけも可能である。草津市の立木神社はそのよい事例であると考えられる。

B—三タイプは、〇・三ヘクタール以下と小規模ながら平均点ラインにあり、評価項目のいくつかにすぐれた点をもつ。そのすぐれた点を今後そこなわないようにすることが重要であろう。

B—四タイプは、事例としては少ないが、評価は現状では低く、比較的規模が大きいという点に今後の利用価値（例えば地域を代表する自然林を育成していくなど）を見出していくことが必要である。

Cタイプ

このタイプは、規模も〇・三ヘクタール以下と小さくまた評価得点も低いタイプである。朽木のような過疎山間地域のものについては、それを支援する氏子組織等も薄弱であり、都市地域にあっては社殿のみで樹林を伴わないタイプが予想される。

IV 鎮守の森の価値

鎮守の森の価値

1　自然的価値

今日の都市社会では、社会の変化はめまぐるしいほどに急である。世の移り変りやそれに伴う環境の急激な変化は、また、都市社会のみならず、我が国土全体に蔓延する傾向がある。

そのような中にあって、鎮守の森は、悠久とした時間の中で少しずつ変化するのみであり、我々人間にとっては、あたかも全く変化しない存在のものとして目に映る。その変化の時間的尺度は五〇年、一〇〇年、数百年といった大きな自然の時間の尺度であり、そこに、鎮守の森が我々に与える安らぎや安堵感、精神的シンボルとなりうる由来があるように思われる。別な捉え方をすれば、鎮守の森は「地球の自然や文化、歴史等のタイムカプセル空間」であると理解される。つまり鎮守の森の中では、悠久とした時の流れの中で、その地域の自然や文化、歴史等があるものは風化したれ、あるものは継承され生きつづけている。

このような鎮守の森について、まずその自然的側面の価値から述べよう。第一点は、鎮守の森を植生学的に捉えれば、鎮守の森は、その地域を代表する自然植生の成立しうる可能性を持っているということである。神社は寺院と異なり、その由来から常に社叢を持っており、そこでの人の立入りや、伐採等が原則として禁じられているため、自然植生はそのまま世代交代が繰りかえされる。

一方、現段階で植栽された樹林（二次林を含め）でも、一〇〇年単位の時間スケールの中で、自然植生へ移行する可能性がある。近年の開発で、日本のほとんどの森林が代償植生に変わった中にあって、残存する自然林の多くは、神社の社叢のみであるのが現実である。また、完全な自然林でなくても、自然林構成種を含む社叢では、境内地面積が五、〇〇〇平方メートル以上あれば小規模ながら将来自然林が再生しうる可能性があり、このようなタイプの社叢は、今回の滋賀県での現地調査でも、立木神社（草津市）、八幡神社（安土町）等多くみられた。また、以上のことは、多様な我が国の植物的自然を研究する学術的意味としても大きいと考えられる。特に古代からの植生である照葉樹林が鎮守の森に多く残されていることは、日本の歴史を探る上でも大切である。

第二点は、完全な自然林でなくても、一、〇〇〇平方メートル程度以上の面積があれば、植物だけでなく、そこが昆虫類や両棲類、ある場合には鳥類、小型哺乳類などの棲息の場としての可能性があることである。このことは、単純化傾向にある我々の身近な生活環境に、多様性を確保する一種の歯止めとしての価値を見出すことを意味する。また、都市地域においては、動物相にとって完結する棲息の場としてだけでなく、野鳥等の棲息範囲の大きな動物にとっては、島状に残存する社叢の森が唯一の休息空間となる。このような現象は、今回の調査でも都市化の著しい草津市で特に観察された（山間地域の神社よりも、市街化が進展しつつある草津市の神社の社叢で野鳥を観察する機会が多かった）。このような傾向は、湖東等の平地林タイプの社叢に特に強いと考えられる。

以上の第一、第二の価値について共通して言えることは、鎮守の森が、自然界の多様な生物相の種の保存を可能にする場である、ということである。

鎮守の森は、別な表現として鎮守の杜とも書かれるが、「森」や「杜」は、「盛」に通じる、と言われている。これは「こんもりとしたモリ」などと表現されるように、樹林が盛りあがっている様からきたものと思われる。そのような黒々とした社叢の景観は、そこに秘められた多くの歴史や史実とともに、それぞれの地域、町、村の風土景観を構成する要素として重要である。これが三番目の自然的価値である。特に市街化の進んだ所では、家並みを突き抜けて見える樹林のスカイラインは、人工的な環境の中にあって安らぎを与える。都市地域でなくても、田園の広がる平野部の農村地域では、田園地の遠くからでも、黒々と盛り上がった社叢を見ることが可能であり、ランドマーク的意味が大きい。湖東地域の美しい田園景観は、広々と拡がる水田地とともに、平地林としての社叢の果す役割が大である。また、滋賀県では、一集落にほぼ一カ所の神社が分布しており、固有な集落景観をつくり上げる状況に役立っている。これらは、しかし、環境的価値において、より詳しく論ぜられよう。

四番目としては、後述する文化的価値とも重なるが、多くの場合、鎮守の森が大木・古木・名木等を有している点にある。神社のもつ荘厳さの多くは、境内に林立する大木群によって演出される。大木・古木については、明確な定義はないが、樹高で一五〜二〇メートル以上、幹廻りで一五〇〜二〇〇メートル以上、樹齢で一〇〇年以上というのが一応の目安である。滋賀県の例で言えば、スギ・ヒノキ・クス・モチノキ・シイ等の常緑樹の他、ケヤキ・エノキ・ムクノキ・アキニレ等の落葉樹が大木として一般的にある。見上げるような大木、長い時間の中を生きぬいてきた古木の前に立つと、我々は素直に、その偉大さに感服する。一般に鎮守の森といっても大木・古木のみから構成される例は少なく、それらに準ずる樹齢のものや、林床に発芽したばかりの実生のものまで、世代的には混在しているのが普通であり、老木から実生のものまで、それぞれの森としての植物社会を、それぞれの世代が役割をもって構成している。つまり鎮守の森では様々な世代が一カ所に共存しており、その中に大木・古木という年とった世代もきちっと生存しているといえる。このようなタイプの樹林は今日では少なくなっており、都市地域での緑には、全くこのような事例はまれである。そのような意味においても、鎮守の森の評価は高い。異なる世代が一つの社会の中に共存している姿は、単に植物の世界だけでなく、我々人間社会にとっても、模範とすべきモデルではないだろうか。

鎮守の森は、それぞれの地域の中にあって、そのようなことを、地域の人々に語りかけているように思われる。にもかかわらず、現在、いずれの地域においても、鎮守の森の自然は破壊されつつある。

一度破壊された自然は、とりかえしのつかないことを銘記すべきであろう。その破壊防止への対策の確立が急がれるところである。

2　文化的価値

文化財保護法では、文化財を次に掲げる五つに大別している。

これらに該当するもののうち特に文化的に重要なものが、重要文化財等として評価されている。ところでこれらの項目のうち、鎮守の森に関連をもちそうなものには、㈠有形文化財、㈢民俗資料、

㈣記念物等が挙げられる。

- ㈠ 有形文化財
  - 建造物
  - 美術・工芸品等
- ㈡ 無形文化財
  - 芸能
  - 工芸技術
  - その他
- ㈢ 民俗資料
  - 無形の民俗
  - 有形の民俗資料
- ㈣ 記念物
  - 遺跡（史跡）
  - 名勝地
  - 天然記念物
- ㈤ 伝統的建造物群

境内地には社殿建築が建ち、彫像などの美術品や考古・歴史資料を保存していたりする場合には㈠の有形文化財に、また、地域独自の伝承芸能が含まれる祭礼や年中行事、地方誌等が残されていたりする場合には㈢の民俗資料に、そして超自然的な神木がそびえていたり、古代遺跡が残っていたり、独特な景観を呈する森林が存在する場合には㈣の記念物に、それぞれ属する文化財となる。

そして㈠では学術的価値と芸術的価値、㈢では民俗的価値、㈣では学術的価値と観賞的価値がそれぞれの評価理由になろう。

ところで、そうした指定文化財の指定事例をみれば、それだけでも鎮守の森との関連は少なくないといえるが、じつは、それら以外に、指定を受けない、いわば二級品と判断される文化的遺産が、鎮守の森をとりまいて多く残存する。それらは多種多様であり、量も膨大であるが、いずれもそれらより質の高い文化財が現存するために、見過ごされているものも数々ある。

地域と深くかかわりあって形成されてきた鎮守の森の文化的価値を問題にするとき、地域性に根ざす地方文化の掘り起しという観点が必要であり、それは、個々の絶対的価値のみを評価の対象にするということではなく、地方文化、ひいては地域文化を積極的に評価したうえでの、個々の文化的価値ということである。

今回の調査の対象となった朽木村、木ノ本町、安土町、草津市の四行政体については、朽木村を除いて、国や県指定の文化財が若干ながら散見される。しかしそれらの数は神社数からみれば非常に少なく、これでもって鎮守の森の文化的価値が網羅されているとするには、あまりにも多くの文化遺産が見過ごされることになろう。

本調査では、文化的価値をはかる指標に、社殿建築物と文化財について調査した（調査概要・調査マニュアル等を参照）。

建築物についてみれば、大半の神社で様式にそった本殿や拝殿がつくられ、社務所や手水舎や棟札などの附属建築物も、できうる限り境内地の景観を留意してつくられたものが多い。なかには市街地に立地する神社で、戦後の建て替えや新築によって、必ずしも境内地景観が維持されているとはいえない事例もあるが、その数は少数である。むしろ、様式的な建築物の多くが荒廃し、放置されていることの問題は大きく、たとえば本殿は複雑な造作があり、その修理、改築にも通常以上の費用が必要となるが、財政基盤の弱い神社では、荒れるにまかされている。

そうした傾向は、朽木村の各境内地や木之本町、安土町、草津市の中小規模境内地で顕著にみられる。しかし、それでも荒廃しつつある社殿建築物を周辺集落の建築物と比較したとき、明らかに境内地の建物のほうが質の高いものであることも指摘でき、その点に、地域にとって文化的価値をみることができるのである。

もう一つの問題は先に触れた市街地の境内である。戦後の新建築により、鎮守の森がもっていた尊厳な景観や品位が低下した事例をみるが、そうした場所で境内地のイメージをいかに回復するかが問題である。そのためには、社殿建築についての適切なデザイン指針を用意する必要があり、それを実現するための財政的、行政的措置が求められよう。じつは、そうした過程そのもののなかにも、鎮守の森の将来的な文化的価値を見いだすことが可能である。

文化財についての調査結果をみると、いずれの神社でも年二〜三回以上の祭礼を実行し、氏子と協同して、なんらかの行事を催している。それらは一般的な行事が多いが、地域文化のうえからは評価されるものが多い。それに、祭りの際の各種の行事には、一度中断されると伝承不能になる性質のものが多く、毎年、定期的におこなわれることに意味がある。朽木村のカツラマツリや能の奉納行事、木之本町の神事「おこない」、草津市の「さんやれ踊り」や「念仏踊り」などは、その代表例であろう。また朽木村には、日本の農村遺制を伝える宮座制が残っているところから、村と鎮守の森の関係を示す生きた事例をここにみることができる。これらの文化的価値の調査をとおしていえることは、各地域の鎮守の森の文化的価値の内容に特徴がみられることである。農村地域である朽木村の鎮守の森には、各種の民俗資料がみられる反面、有形文化財は少ない。木之本町では、歴史的事件との関わりが多かったり、有形文化財が多く認められたりするし、安土町では、歴史的事件との関わりや、古代遺跡との関連が深い。また、草津市では、古代遺跡や社殿建築物にその文化的価値の特徴をみることができる、といった具合である。

そういった文化的価値の内容の地域差を正当に評価することも、鎮守の森の文化的価値を考えるうえで重要なことと思われるのである。そして、「文化的生活とは、文化の増進につとめ、文化財を充分に活用する生活である」（『角川国語辞典』）であるとすれば、地域のコンテクストと密接に結びついて発展してきた鎮守の森の文化的価値を充分活用することは、文字通り、日常的に文化的生活をおくることになるはずである。

3　環境的価値

日常生活のうえで、環境的価値というばあい、通常わたしたちは、人と自然との相対的関係でみる。つまり、人間にとって、そこが住みたくなるような、あるいは足をはこんでみたくなるような魅力ある空間であるかどうか、ということである。

鎮守の森は、古くからわたしたちの生活と深いかかわりをもってきた。それは、お祭りの場として、また、宮参り、七五三……といった人生の節々にあるものとして登場してきた。なかでも、大きな意味をもっているのは、鎮守の森そのものが、町や村の風景を演出してきた大きな要素だということである。

南方熊楠は、「日本の神社の真髄は、社殿よりもその神韻縹渺たる社叢にある」といった。

そういう方向をさらに進めて、鎮守の森の環境的価値を評価するポイントとして、アメリカの建築学者・ケヴィン・リンチが『都市のイメージ』で示したように次の五つの空間的要素について検討し、そののち、総合的に魅力ある空間であるかどうかを判断したい。

㈠パ　ス……参道その他の境内道および散策道。（それらの長さと雰囲気など）

㈡ノード……鳥居、燈籠、拝殿、手水舎、本殿、遙拝所など、要となる節々、または拝所。（数と変化、それぞれの風格など）

㈢エッジ……結界、境内の境界線等。（長さと雰囲気など）

㈣ディストリクト……境内周縁の鎮守の森の影響圏、門前。（境内地周辺の広がりとその雰囲気。「形の影響圏」＊の考え方から、その周囲におおむね境内面積の八倍程度を考える。）

㈤ランドマーク……陸標としての森。（周辺の集落や道路からの認知距離、例えば〇〜三〇メートル、三〇〜一〇〇メートル、一〇〇〜五〇〇メートル、五〇〇メートルから一、〇〇〇メートル、一キロメートル以上……等に分けて考える。）

以上五つの各要素については、これからもなお十分な研究が必要であろう。なかでもとりわけ重

＊　たとえば江山正美『スケープテクチュア』（1977年，鹿島出版会）

要な㈠の参道や㈡の鳥居については、これが神社独得のものであるにもかかわらず、その定義や沿革は必ずしも明確にされていない。

たとえば、参道とは、「神社や寺院などに参拝する人のためにつくられた道」といわれ、また、船越徹は「参道空間を鳥居や橋を起点とし、本社（本殿を囲む回廊、垣内の空間）にいたる部分」としている。

しかし、これだけでは、どこからどこまでが参道なのか判然としない。鳥居も同様に、なぜいまのような形をしているのか、いつごろ出現したものなのか、はっきりとはわからない。ただ、鳥居についていえば、もっとも古いとされる春日神社の一の鳥居が、承和年間（八三四―四七年）に建立された、という説（『春日神社小志』）がある。しかし、確実に存在したとみられるのは永承二年（一〇四七年）の『造興福寺記』の記事によってである。ちなみに、春日神社そのものの現在の位置への移建は、通説には神護景雲年間（七六七―九年）といわれ、宮地直一、福山敏男らの建築史学者は、それ以前にあったと予想しているが、いずれにしても、神社の建築当初から鳥居があったのではないことがわかる。

じっさい、文献上、わが国で鳥居ということばの初出は、延喜二二年（九二二年）の『大鳥大明神文書』のつぎの一節とされる。「鳥居一基（中略）社前後各一基。――和泉国大鳥社流記帳」*

鳥居は、わが国に古くからあり、かつ日本固有のものと解されがちであるが、じっさいには、以上のように、その成立はあいまいで、時代的にも、そう古くはなさそうである。しかし、われわれは、鳥居は神社に欠かせないものと認識している。それとおなじくらいに、参道も神社には欠かせ

＊　たとえば上田篤「参道の研究・その１」（『近代建築』1982年7月号，近代建築社）

ないのである。そして、鳥居以上に謎にみちているのである。

伊勢神宮の杜《もり》をわけいりながら、

何事のおはしますか知らねども辱《かたじけな》さの涙こぼるる——異本山家集

とうたった西行のごとく、参道は、しらずしらず人びとを「神の世界」へと導きいれる道行空間なのである。

神社に参拝するわれわれは、仏教のそれのように、偶像を拝顔するということではない。天下の公道である街道をはずれて、一の鳥居をくぐり、二の鳥居、三の鳥居へと進む。そして手水舎で手を清め、廻廊、拝殿、玉垣、正殿、御神体の鏡というふうに、その歩をすすめるにしたがい、徐々に日常世界から隔絶され、人は自らの意識が昇華してゆく感をもつ。元来、参道を含めた神社空間は、目にみえない、いわば神の啓示をうける道としての意味合いをもっていたものとおもわれる。とどうじに、祭礼時には、それは神と人びとが合い交わることのできる空間でもある。

以上、のべたことは、形而上学的にみれば、神社空間の中で、もっとも価値あるものは、社殿でも社叢でもなく、参道である、ということができる。参道あるいはその延長において、はじめて、神と人との交流が可能になるからである。

どうじに、それは自然と人との交流という点において、環境的価値でもある。すなわち参道を例にとって環境的価値について説明したが、そういう自然と人との交流という視点からみると、大切な環境的価値の場面は、前記のように、㈠社叢と人との交差点である参道〈パス〉であり、㈡その参道における神あるいは自然との濃密な接触の場である拝所〈ノード〉であり、㈢聖界と俗界とを仕切る結界〈エッジ〉であり、㊃結界の周縁に位置する門前〈ディストリクト〉であり、㊄遠くからでも地域の目印となる森〈ランドマーク〉である。この五つを今後、鎮守の森の環境的価値を考える一つの指標としてゆきたい。

もちろん、環境的価値という場合には、このほかに立地、規模、形状、密度等といった側面、さらには大気、水、緑といった要素なども考えられるが、これらも、以上五つの空間のなかに、それぞれ織り込まれるものとして捉えてゆく。

今回は、そこまで考察が及ばなかったが、今後は、この五つの価値の計量化の基準を設定し、各ケースごとにその基準に従って測定して、環境的価値の計量的把握を試みることも必要である。その意味で、この環境的価値の把握に関する基礎調査は、今回の調査の中でももっともユニークなポイントといってもいいだろう。

4 社会的価値

社会的価値は、その鎮守の森が地域社会において果している物的・社会的機能によって評価される。

ところが、鎮守の森をとりまく地域社会は常に変動しており、その変動の様相も地域により異なる。その地域の変動の程度と、都市化の段階により、神社の立地条件を大きく分けると、以下のようになる。

（一）過疎化農山村集落

（二）安定的農村集落
（三）市街化進行農村集落
（四）安定的市街地集落（都市市街地）

一方、鎮守の森がもっている社会的価値を、その地域社会で果している社会的機能により分けると、以下のようになる。

（一）任意のコミュニケーションの場（子供の遊び場、散歩道、その他）
（二）単機能的集団形成、活動の場（趣味、教養活動、学習教室、その他）
（三）包括的地域集団活動の中心（町内会、氏子組織、その他）
（四）年中行事、特に祭による地域社会の活性化
（五）地域社会の歴史的、精神的中心としての役割

このような社会的機能にもとづく評価を行なっていく場合に、特に問題となる点は、氏子組織、年中行事としての祭、および日常的維持管理、さらに歴史的、精神的中心としての役割等の減少である。

氏子組織と日常的維持管理の問題は、前記の地域社会の変動や、専門宮司の有無と関連し複雑な問題を有している。そして、専門宮司の有無や神主制度は、その地域社会の性格（立地）や歴史、神社の規模や格式との関連が強い。旧郷社以上の大規模神社においては、専門宮司が管理する場合があるが（例えば草津市の立木神社）、一方では地域社会での管理、すなわち氏子による日常的管理の必要性も少なくなり、それだけ地域社会との関係が少なくなることが多い。

一方、神社規模が小さく、その地域社会（集落）の氏神や産土神としての性格を残しているものは、一般的に氏子組織が小さく、日常的維持管理に困難が生じている。もともと日本の集落は、特に近畿地方以西では、戸数規模が小さく、五〇戸以上の集落は多くない。とくに、山村地域では二〇～三〇戸規模の集落が多い。このような小規模農村集落、農山村集落において急激な都市化と兼業化が進行し、人々の生活圏が拡大したことにより、鎮守の森の維持管理には関心がなく、手がまわりかねるものもある。

従って、地域社会との密接な関係を維持しつつ、維持管理の適切化をはかるには、妥当な集落（氏子）規模というものが存在するように思われる。

本調査の結果では、その規模を、約五〇～一〇〇世帯であろうと推定している。例えば、草津市における天満宮（草津市大塚）、朽木村における大宮神社（針畑地区）、迩々杵神社（宮前坊）、若宮神社（麻生）などである。

一方、草津市における立木神社や武甕槌神社の場合は、氏子規模が大きすぎて、地域社会との関係が少なくなっている例であり、朽木村の多くの神社は、氏子規模が小さすぎて荒廃化が進行しつつある。

ところで、前記の氏子規模は、地域社会の歴史的、精神的中心としての役割を考える場合にも、妥当すると考えられる。特に、今回の調査事例地区である朽木村では、全神社において交替制の神主制度があり、この神主制度が集落の共同体としてのまとまりの維持に大きな役割を果していたことが考えられる。しかし、過疎化の進行によって制度の維持が困難になり、一方、都市でも農村でも生活基盤（経済的）や生活意識の変化によって、鎮守の森の精神的中心としての役割も非常に小さくなっている。

年中行事としての祭礼も本来は地域社会の活性化や、その精神的中心としての役割を果たす場であったのが、過疎地においても、都市部においても、その担い手の減少によって維持が困難になり、すべてが簡略化されつつある。

この年中行事は、氏子組織により維持される必要があるが、ここで市街化進行農村集落における地域社会組織との関係で考えてみよう。

一般に、安定的農村集落や安定的都市市街地では、氏子組織と居住者自治組織は必ずしも同一ではないが、ほぼ安定して均衡を保っている。しかし、市街化進行農村集落では、既存組織と新来住者の組織との調整の問題が生ずる。このことは、前記のように、祭礼の支持組織が弱体化していることを考えると、安定的都市市街地や農山村集落においても再検討されなければならないであろう。従来の氏子組織はそのままとしても、年中行事支持組織としての再編成、あるいは開放の可能性のある神社の評価は、もっと高くするべきである。本調査では、そのような事例は見出せなかったが、望ましい一つの視点ではある。このことによって、鎮守の森としての樹木や境内地の保存修景と維持管理の支持組織の拡大を可能にする。さらに、神社内施設の集会所としての利用や、地域社会の人々の各種社会活動（例えばボランティア活動や社会教育活動など）や、趣味、教養活動の場としての利用が多い神社は、評価が高くなる。とりわけ地域住民による利用と、維持管理への参加の拡大が必要であり、それによって社会的価値が高まる。

さらに、以上の社会的価値の顕在化にいたる前段階として、任意のコミュニケーションの場としての社会的価値がある。子供の遊び場や散歩道、井戸端会議の場としての利用を意味するこの価値は、やはり都市内神社において、より高く評価される視点であり、また計画化の可能性も大きいと考えてよい。この意味で評価されているのは、草津市における伊砂砂神社（渋川）、印岐志呂神社（片岡町）などである。

5　一般的価値評価

一般的価値評価は、これまでの自然的価値、文化的価値、環境的価値、社会的価値による各事例調査対象について、地域計画的視点を導入し、抽象的レベルでの評価軸を設定して、再評価をおこない、これらの価値についての漏れを防ぐものである。従って、本調査研究で検討し、作成した調査票項目の個々の項目評価が低くても、周辺地域も含めた範囲で検討して保存修景価値のあるものの評価を高めることを目的としている。個々の一般的価値評価項目についての視点は以下のようになる。

1自然的価値

樹林、動植物、鉱物、地形等に関する自然的価値を、広域レベル（国、都道府県など）と地域社会レベルの両方で評価し、注目すべき事項を特記する。

2文化的価値

建築、文化財、地名などにおける文化的価値を評価する。特に、都道府県や地域社会など中・狭域レベルでの評価を重点とし、文化的価値の範囲を広げることを目標としている。

3 環境的価値

この項目は、樹林、動物、文化財、民俗的行事、神社空間そのものなどの価値を、その周辺地域社会に対して有している環境的役割から評価する。この項目は、総合評価的視点も有するので、鎮守の森周辺の市街化状況とも関連し、神社境内地の利用状況や地域社会のシンボル的景観としての役割についても評価する。

また、鎮守の森そのものには、それほど規模の大きいものは存在しないが、周囲の公園や緑地、およびそれらとのネットワークの一部として果している役割を評価する。さらに、祭のレクリエーションとしての側面や、地域社会における集会施設や余暇施設としての整備状況、その可能性をも評価に加える。

4 社会的価値

この項目には、民俗的行事の伝統的・地域的な形態の残存状況や、古文書、民俗資料などの保存状況など、地域共同体との関わりの歴史を示すものを評価し、価値を判断する。現在の地域社会との関係や、地域社会の人々の社会的利用も評価する。

各項目についての価値評価の視点は以上のようになるが、評価点は各項目の合計という方法は採用していない。前記のように、地域計画的視点による相対評価である。従って、過疎農山村である朽木村においても、都市部である草津市においても、あるいは木之本町や安土町においても比較的規模の大きい神社では評価が高い。例えば朽木村では、民俗行事の学術的、社会的価値を評価して大宮神社（針畑地区）や若宮神社（麻生）、迩々杵神社（宮前坊）の評価が高く、草津市では十二将神社（山寺町）や立木神社（草津市四丁目）、伊砂砂神社（渋川）、三大神社（志那中町）、印岐志呂神社（片岡町）などで評価が高い。また、安土町では沙沙貴神社、鎌若宮神社、奥石神社、日吉神社で評価が高く、木之本町では意富布良神社などの神社で評価が高い。

これらの評価の結果を表16に示した。この結果によれば、安土町では特に総合評価の高い神社が多く、朽木村においては一般的価値の低い神社が多くなっている。木之本町や草津市においては、特に注目すべき神社が二、三社あるということになる。しかし、この評価作業は全神社を対象とす

	朽 木 村	木之本町	安 土 町	草 津 市
15点	1 社	3 社	4 社	—
10点	2 社	3 社	4 社	6 社
5点	5 社	2 社	—	2 社
0点	—	—	—	—

表16　地区別評価得点

る作業ではないことから、この評価価値の分布によって、それぞれの市町村のおおよその傾向を判断しうるにとどまる。ここで、一般的価値評価作業結果の全体的傾向を左右する条件をまとめておく。

第一に、市街化のすすんでいる地区には評価の高い神社があらわれやすい。その理由は、環境的価値、社会的価値などが、それらの地区では高くあらわれやすいことである。第二に、地区としての歴史的条件によって大きく左右される。例えば木之本町や安土町は、歴史的由来の多い地区であり、自治体としても歴史的遺産を重視する姿勢があらわれやすく、また住民の日常生活意識にも根づいているものと考えられる。一方、朽木村のような民俗的性格のみが強く、鎮守の森の支持基盤が弱い地区では、その生活基盤の弱さとあいまって評価が低くあらわれやすい。第二の条件と一部重複するが、自治体の保存修景施策と、氏子組織等の地域社会組織の活動程度によっても左右されることが、第三の条件としてあげられる。

以上、一般的評価についての考え方と、評価結果についての考察を述べたが、結論としては、このような価値評価と保存修景施策は、自治体（市町村）単位で立案されることが望ましいと思われる。その場合、住民参加が十分実現されるべきものであることはいうまでもない。

問題の所在

滋賀県における鎮守の森の調査をとおしてのその全体的な印象は、大阪や名古屋などの大都市地域におけるそれと比較すると、良好な保存状態にあり、都市化等による様々な悪影響を大都市ほどには受けていない、ということがいえる。しかしそこには、鎮守の森が今日おかれている普遍的な、また滋賀県特有な問題が全くないわけではない。それらの点について、鎮守の森のいくつかの側面ごとに整理してみると、以下のとおりである。

1　自然的側面の問題と課題

鎮守の森はその自然的価値のなかで述べたように、そこにその地域を代表する自然林（極相林）をもつことに大きな意義がある。しかし、現在滋賀県において完全な自然林を持つ鎮守の森はわずかであり、多くがスギ・ヒノキを主とする樹林である。それは滋賀県における鎮守の森の五〇パーセントにもみたない。また、この値は自然林の成立しえない小規模（〇・二五ヘクタール以下）なもの（約一三〇社）を差引いても小さな値であるといえよう。少なくとも〇・五ヘクタール以上の規模の鎮守の森、約七八〇社については、その地域の本来の自然の表現としての極相林を今後育てていくことが望まれる。このことは全く不可能なことではない。今回の三二社の現地調査でもスギ・ヒノキを主とする社叢の中に、単木として、また林床に実生からの芽生えとして、シイ、アラカシ、ヤブツバキ、モチノキといった自然林構成種を含んでいるものが多く、今後適切な維持管理を施せば、充分に極相林へ到達しうるものが多く観察された。事例を挙げれば、与志漏神社（木之本―シラカシ林）、印岐志呂神社（安土―シイ林）、立木神社（草津―シイ林）などをはじめとして、多くの鎮守の森が該当する。

一方、草津市など都市地域や集落内に立地する鎮守の森については、社叢の林縁部が民家等で占められ、その裏庭と社叢が接することとなり、民家側から立入りや不法占拠、物置き場化など、様々な林縁破壊行為が目立つ事例が多い。また平地農村地域に独立して立地する鎮守の森でも、その林縁部に樹林を保護するマントソデ群落が充分に形成されていないものが多い。これらの鎮守の森においては、早急に林縁保護のためのマント・ソデ群落植生に替る生垣や、補助林を形成する必要がある。また、市街地内の鎮守の森については、隣接する住宅地への日照や落葉、ヤブ蚊の発生等の苦情から、林縁部の立木を伐採するなどのことも多く、上記二つの問題も含め、鎮守の森周辺の適切な土地利用のあり方を、その地域全体の中でルール化する必要があると思われる。かつて湖東などの鎮守の森の周囲には、古墳の培塚的な小規模な樹林が鎮守の森をガードするような形で存在していたといわれる。それらは今日では、圃場整備や区画整理等で消失してしまっている。可能であれば、鎮守の森の周囲に、公園や緩衝機能を持つ補助林の復元を図ることも提案される。

さらに、社叢の一部が台風等で破壊されたり、神社経営上の財源確保の目的から高木層が伐採された跡に、スギ・ヒノキ等の経済価値の高い樹種が補植されている例が、奥石神社（安土）、立木神社（草津）、若宮八幡神社（安土）など比較的多い。この補植そのものは、樹林形成上好ましいことであるが、その樹種としてスギ・ヒノキのみを補植することは、一考を要する。先にもあげたように、その地域を代表する自然林をもつことが、鎮守の森の大きな存在価値のひとつであることを前提とするならば、シイ、アラカシ、ウラジロガシ、ヤブツバキ、シラカシといった自然林構成種を補植していくことも必要であろう。これらの樹種の植栽は、それまでに充分な森林土壌や腐植層が形成されている鎮守の森では可能である。ただ、これらの樹種の苗木の入手は、一般的には地域の人々にとっては困難であり、できれば、県として一括して、林業試験場等で苗木の供給を可能にする体制づくりがなされることが望まれる。また、一般的に地域の人々にとっては、そのような形での自然林育成の知識や技術、先に触れた林縁保護等を含む樹林の維持管理についての情報が欠如しているため、行政サイドでのわかりやすい維持管理マニュアルの作成・配布が急務であろう。

林縁破壊等の外部からの社叢の質的変化に対し、神社内部からの破壊行為として、集会所、公民館等の公共的建物、駐車場、プレイロット的子供遊園地等の建設が見られる。また、特殊な例として県職員住宅用地となっているものもある。これらの施設の建設は、社叢の減少につながっている。駐車場は近江源氏の氏神として著名な沙沙貴神社（安土）のように参拝客の多い神社にこの傾向が強い。

今回の調査対象地では確認されなかったが、大阪のような都市地域の神社では、保育園・幼稚園等の経営のために境内地や社叢が減少している事例が多く、滋賀県においては、鎮守の森の維持・管理・経営と併せて、境内地の土地利用についての何らかのルールづくりを現段階で用意しておく必要が痛感された。児童遊園地も境内に設置されている場合もあるが、社叢の林内に設置され林床の破壊につながっている例がある。これは都市計画公園制度の適用を受けない農村地域に多く、樹林への過度の負担をかけない範囲での利用や、先に述べた境内全体での土地利用のあり方をそれぞれの神社で検討すべきであろう。

一般的に鎮守の森の破壊は、個人もさることながら、公共団体が「公共」の名の下に、区画整理や住宅地開発を通じて行なっているケースが多く、今後の大きな問題点といえる。

2 社殿建築等の問題と課題

鎮守の森の境内地には、本殿をはじめとする多くの建物や鳥居、玉垣等、様々な外構施設が存在する。それらは、伝統的様式やその地域の風土・歴史を反映したものも少なくない。しかし、本殿等の社殿建築については、修復が必要なものもあり、今回の調査対象地の例でいえば、朽木のように過疎地の山間地域の神社では、その修復を財政的に支える氏子組織の崩壊により、放置状態にある傾向が強い。また、氏子組織等の鎮守の森の支援組織が維持されている神社で、集会所・公民館・社務所の他、参道・階段・玉垣等を新しく建てたり設けたりしている所では、現代様式によるものが多く、デザイン的に疑問の残る事例もある。これらについては建物や施設等の素材の選択、デザインを通して、地域・郷土文化の育成や支援の働きかけが、行政サイドからあってもよいのではないだろうか。さらに都市地域の鎮守の森においては、先の建物以外に、結婚式場や東屋等境内地の建物施設が増加し、高密化する傾向もある。これらについても、先に述べたような境内地の土地利用についての抜本的な対策が必要であろう。

3　社会的側面の問題と課題

鎮守の森につきものの祭礼や行事、芸能については、木之本や安土のように、比較的良好な状態で保存・継続されている所もある。また意富布良神社のように、現代社会の生活パターンに適応するような形で改変し継承している所もある。しかし、朽木のような過疎山間地域では、そこに踏みとどまっている人々の手でそれが細々と行われているのが実態であり、こういった状態は当面続くと予想されるものの、一〇年、三〇年といったタイムスパンの中でも継承されていくとは保証されない。したがって、もしそれらが消滅したり、形を変えて継承されていくものであれば、それらの伝統的原型をいかに正確に記録保存しておくか、といった問題もあると思われる。また、この問題は、神社に内包される社宝や文書・伝記・伝統技術といった指定文化財としては取り上げにくいものにも該当する。

次に鎮守の森（神社）の維持管理体制についてであるが、その内容は、おおよそ(イ)常駐宮司管理方式、(ロ)非常勤宮司＋氏子組織（氏子組織は、日常の維持管理に従事する代表者を選出する方式と、当番で持廻る方式に分けられる）、(ハ)社守方式（宮司は不在で、氏子に代わって専任の管理人を置く方式）の三つに分けられる。実際にはこの三タイプの中間方式のものや、老人クラブ・子供会等が参加するものなどがある。(イ)の方式は比較的大規模な、また著名な神社に多く、専任の宮司により維持管理内容の多くが処理されるため、かえって地域共同体との密接なつながりが形成しにくい点がある。(ロ)の方式の場合、代表者を選出する方法は農村地域の神社では一般的であり、代表者の下にそれを補助する宮世話が置かれるなどして、比較的この方式では良好な維持管理がなされている例が多い。また(ロ)のうち持廻り方式で行なうのは、朽木の各神社に多くみられたが、しかし過疎化がその制度を困難な状況にしている。(ハ)の社守方式はいわばマンションの管理人方式と同じであり、その人件費の捻出において、今後負担が大きくなり困難になることが予測される。

実際の維持管理において、地元の老人クラブや子供会が清掃等に参加している事例は多く、半公共的空間の維持・管理の方式としては評価すべき点があると考えられる。これは生涯教育、いきがい教育、社会教育といった側面もあり、正当な位置づけが必要である。老人クラブが積極的に参加している事例としては、意富布良神社（木之本）があり、社有林の一部の山林で手入れのいきとどかないアカマツ林を清掃し、マツタケ園を開設し、地域のレクリエーションの場として利用し、また活動資金を得ている例がある。

また、大都市地域の市街地の中の神社で、境内が子供の遊び場として利用される場合、そこで発生する事故の責任については、管理者にその責任が追求されるため、宮司が保険をかけている事例が名古屋の神社にあった。このようなケースは、公共事業体に管理責任のある都市公園や溜池での子供の事故に対し裁判沙汰になるため、行政サイドが保険に加入する事例が既に多くあるので、鎮守の森においても予想されないことではない。幸いに滋賀県では、そのような事例を聞いたことはないが、この問題については、鎮守の森が半公共的に慣習的な子供の遊び場として利用されてきているだけに、そのよき伝統をつづけるためにも、半公共的空間の利用上のルールを明確にしておく必要がある。

さらに鎮守の森の維持・管理組織の面では、草津市のように市街化が進行しつつある所では、旧来の氏子組織と新住者の葛藤の問題があげられる。旧来の氏子組織の人々にとっては、維持管理についての直接的・金銭的負担を実際に行なっているのに、新住者はそれを行なわず、いわばタダ乗り的状況にある。また新住者にとっては、共有財産の分配の問題もあって、氏子組織に入りにくい面があるという点がある。この問題は、本来、地域の人々によって解決されなければならない問題であろうが、何らかの解決の糸口を見出してやる必要があるのではないか。

4　小規模な鎮守の森について

滋賀県における小規模な神社は、全県で約一七パーセントを占めるが、草津市など地域によっては八〇パーセントを占めるところもある。このような神社は、旧社格でいう村社・無格社に多く、氏子組織等の支援組織が存在しないか、あるいは不明確な場合が多い。また、敷地面積が小さく、社殿建築や社叢は貧弱であるのが一般的である。このような神社については、農村地域ではさほど大きな問題はないと予想されるが、草津市等市街化が進展しつつある所のものについては、このようなタイプの神社を、良好な市街地・住宅地形成の中で修景・保存していくことをもっと考えてはどうだろうか。つまり、市街地や住宅地の中での、ポケットパーク的な位置づけである。神社のみの敷地では不充分であろうから、その周囲に児童公園や児童遊園を配置し、その両者を整備する方向などである。都市公園は近代社会が生み出した産物であるが、その中に魂を注入する、「神」を招くことにより、古代から続く文化と、近代の文化を融合させ、新たな文化や環境デザインを生み出す考え方に通じる。また、〇・一ヘクタール前後の神社で、樹林と社殿建築、境内広場が良好な形で調和していると思われるものが今回の調査で観察された。それは草津市の伊砂砂神社である。この程度の敷地の大きさでは、自然林（シイ、カシ等の照葉樹といわれる常緑広葉樹林）を完全な形で形成することは困難であるが、伊砂砂神社の場合は、ケヤキ・エノキ等の落葉樹の大木群により、鎮守の森にふさわしい樹林景観をつくり出しており、また〇・三ヘクタール以下の神社にあっては、高木層をケヤキ・エノキ・ムクノキ等を主とする明るい落葉樹の大木群による社叢の形成の方法もあるのではないかと考えられる。

大都市の場合

1　樹林の減少

高密度な都市生活が展開される大都市では、鎮守の森の様相も都市的な影響をおおきく受けるとおもわれる。名古屋市での調査事例をもとにその実態を簡単にまとめてみたい。

現在の名古屋市内には、昭和二八年時点で四〇四カ所の神社があったとされる。それらの境内地面積の総計はおよそ一一五ヘクタールであり、この量は市域の約〇・三五パーセントにあたっている。この数値は、昭和五五年三月末現在の当市の児童公園（都市計画決定済み）の数、四五七カ所とその総面積一一三・四ヘクタールに匹敵する量でもある。四〇四カ所の神社の内訳では、旧村社格が六四パーセント、旧無格社が二四パーセントであり、いわゆる小規模神社が八八パーセントを占めている。また一社あたりの境内地面積でみると、旧村社格では二、〇八二平方メートル、旧無格社では一、〇四一平方メートルと、いずれも児童公園規模以下のせまいものであることがしられる。そして、市西部の下町でこれら小規模神社が高い密度で分布しており、これに対し東部丘陵地の新開地で規模の大きな神社が低密度に分布していることなどが特徴である。（図23、図24）

もう一つ当市の特徴として挙げておかねばならぬのが、戦災焼失都市のうえに大々的な区画整理事業が進められてきたことであり、これが当市の鎮守の森の変容におおきく影響をおよぼしている。

昭和二八年の神社明細帳の記載内容と現在（昭和五六年）の実態調査の比較検討から、神社境内地の変容を次の四タイプに概略整理できるとおもわれる。

① 境内地が移動し、形状が完全に変更したもの。

② 境内地の移動はないが、敷地形状が大幅に変更され、面積の増減が顕著なもの。

③ 境内地自体の変化は顕著ではないが、周辺環境がおおきく変化したもの。

④ 面積や周辺環境の著しい変化はないが、境内地内の空間に大幅な変更がみられるもの。

①のタイプは、宮司のいない小規模神社や境外末社で多く現出し、一般に面積は増加している。しばしば公園地とセットにして設けられるが、いずれも新しく造園されたものであるため、緑被率は低い。境内地には本殿周辺に数本の樹林がみられるのみである。②では、敷地形状が方形もしくはこれにちかい整形に整理され、四周に道路がとられ、これによる境内地外周林の破壊がみられる。一般的には面積減であり、その換地処分による収入で社殿等の新築がなされている。他方面積が増加する場合でも、増えた部分は駐車場や遊具施設の置き場に利用され、樹林の育成がみられるケースはほとんどない。③では、従来の境内地が設計街区の規模より小さい場合で、境内地をブロック内にとどめているが、それでも従来の参道が消滅したり、境内地軸線が新しい街路網と全然くい違っていたりする。また道路沿いに建ち並ぶにいたった建物群で樹林の四周が囲まれ、道路からはこれがみえないものが多い。④では、境内地の周縁部を大々的に駐車場にしたり、高層マンションの用地に売却して社殿の新築にあてている都心部の神社があり、あるいは、東部丘陵地の新開地では、道路や公園施設の整備にともなう補償により、社殿が近代的になってゆく傾向がみられる。このよ

うな場合、建蔽率や容積が大幅に増加するのが普通である。

以上が昭和二八年以降の鎮守の森の変容を示す主要なタイプであるが、これ以外に、ほとんど変容が認められない例も多いことをつけくわえておく。

さて以上の概観からだけでも、近代的な都市づくりと鎮守の森の存続とのあいだの矛盾関係は典型的にみてとることができよう。鎮守の森は、もともと村の外縁部の自然地形を利用して立地されている場合が多く、周囲には充分な自然林に恵まれ、境内地の境界は判然としないところが特徴で

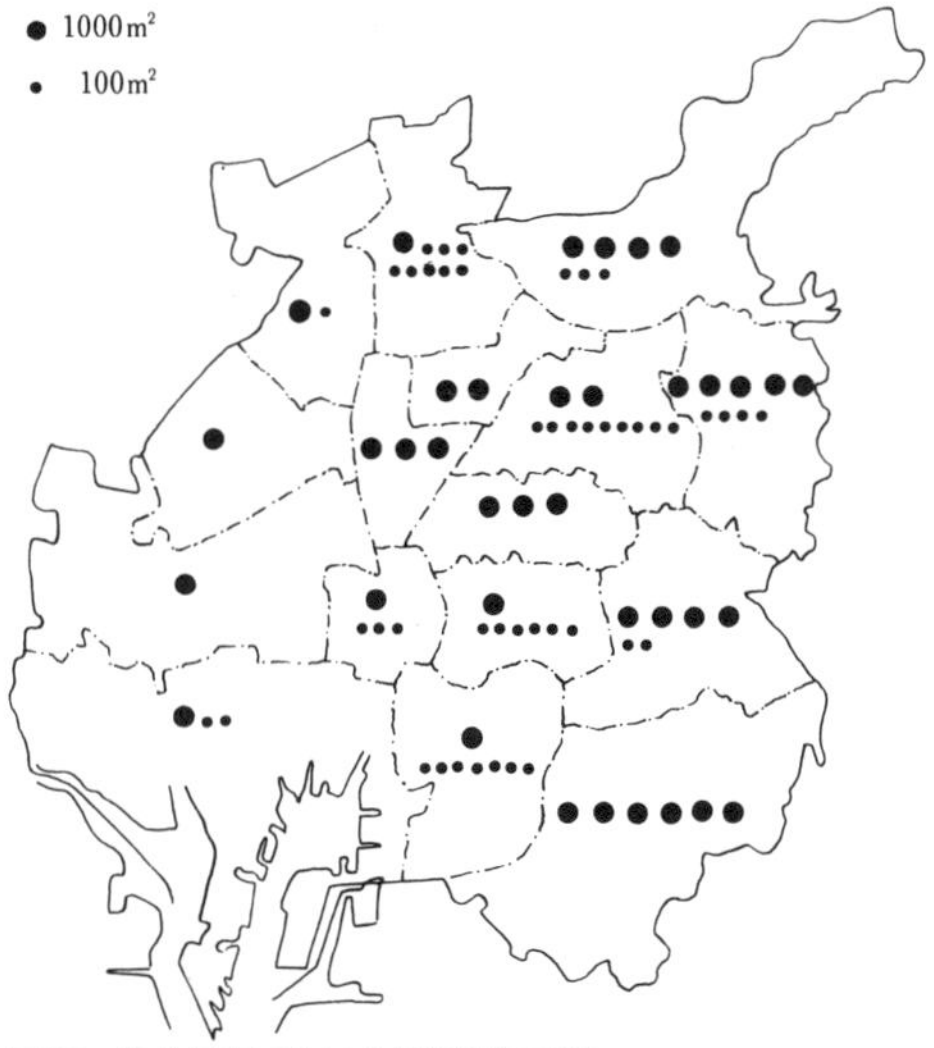

図23　名古屋市における区別神社密度

図24　区別平均境内地面積

あった。この漠然としたひろがりのなかの核として、参道や社殿が形成されてきている。ところが近代的な都市では、格子状道路網が形成する街区内に森が押し込められる結果となり、周囲は人工的構築物ではっきりと枠取りされるに至る。そして四方八方から、人々が踏み込むことになり、そのため森林地にみられる樹林の腐植層もなくなってくる。つまり、ほとんどの境内では裸地のうえに樹木が散立する形態をとるわけである。さらにくわえて、市街地であるが故に社殿は耐火構造になり、境内地に余地があれば、植樹するよりも駐車場化したほうが、地域住民の賛意が得られ易いという傾向もある。神社境内地の近くには、川や池がある場合も多いが、それらは埋めたてられたり、暗渠にされたりして、そのあとにはせいぜい低木や芝生が植えられる程度である。こうしてみると、近代的な都市づくりでは樹林の減少要因ばかりが目につくのである。

2　樹林の平面形態

ここで、名古屋市にみる鎮守の森の平面形態を整理してみると、以下のようになる。調査事例には市域を東西に横断する中村、中、千種、名東の四区の神社九三社を選び、パターン分類には六パターンを採用している。

①背面型・密……社殿の背面にのみ濃密な樹林がみられるもの。
②背面型・粗……ほとんど樹林はなく、社殿のかたわらに二〜三本の樹木がみられるもの。
③前面型・粗……社殿の背面に後背林がなく、前面に樹林が散立するもの。社殿の背後が道路や隣接敷地に近接するものもこれに含まれる。

④U型・密……参道を除く他の部分が濃密な樹林で覆われているもの。
⑤U型・粗……樹林の分布パターンは④と同じであっても密度において粗と判断されるもの。上空からみて地肌が比較的多くみえるもの。
⑥U型・背面密・前面粗……分布はU型であるが、背面は色濃く、前面は散立している状態のもの。

以上のパターンを模式化したものが図3であり、事例集計した結果が表1、表2、である。

周辺土地利用別（表1）でみると、Aの住宅地（粗）ではU型・密が多くあらわれ、良好な樹林パターンの事例が多いことがしられる。Bの住宅地（密）になると前面樹林の密度が低くなる事例が増し、U型・粗やU型・前面粗・背面密が大半を占めてくる。さらに市街化の程度の高いCの住商混合地では、樹林の密度が下がるとともに、後背林のないものが多くなり、それがDの商業・業務地にいたっては後背林の認められない事例が主流となる。これを境内地の規模別（表2）でみると、一、〇〇〇平方メートル未満では、U型密の理想パターンはほとんどみられず、鎮守の森の景観形成にはこの規模ではむずかしいことが示される。一、〇〇〇～二、五〇〇平方メートルになると、U型樹林パターンの事例が多くはなるが、それでも境内地を覆いかくすほどのものは少ない。二、五〇〇平方メートル以上の事例で、やっとU型・密やU型・前面粗・背面密が主流になってくる。鎮守の森らしき姿をもつには最低面積二、五〇〇平方メートルは必要であることが推論されるのである。

3　むすび

都市内神社境内地にみる鎮守の森の充実度は、境内地面積の多少がおおきく影響するのは明らかである。そして、周辺地区の市街化が進むほどに境内地の緑被率が低下することもみた。そこでは市街化が進めば、樹林と建築物のバランスが破られ、建築物のほうに整備目標がそがれがちになり、結果として、建物優先の境内地景観が都市空間のなかへさらけだされてくる。四方の道路を歩く人にとっては、もはや緑の障壁は感じられず、せいぜい、散立する樹木の林冠を享受するにとどまるのが実態といえるのである。

大都市での鎮守の森の減少は、地価の高い土地問題に起因し、それは小規模神社でとくに深刻であるといわざるをえない。それら小規模神社では、周辺地域を含めた鎮守の森の整備・開発も考えねば、将来ますます樹林量は減少してゆくように筆者にはおもわれる。

管理

1　氏子組織と法人組織

昭和二六年の宗教法人法施行以来、多くの神社は法人格をもつようになり、近代的な体裁をととのえてきた。それまでの神社では、氏子と氏子総代による地域的な自主管理が通例であり、とくに、産土神《うぶすな》を祀った小規模神社では、神職をもたずにもっぱら氏子達によって祭礼の準備や日常的な境内地維持がなされてきた。本来、鎮守の森といえば、そのような地域的な管理がなされてきたところに特徴をみいだすことができるが、戦後法人運営への組織替えが進むとともに、単なる氏子組織のみによる自主的な管理運営とは異なる側面を具備するに至る。とくに都市部の神社ではそれが顕著で、社会的変容から農村部でみられるような慣習的な方法での維持・管理はみられなくなり、氏子と神社との関係が一義的ではなくなってきた。

氏子組織のみによる神社の管理・運営の例は、たとえば、滋賀県の朽木村にみることができる。そこでは、多くの神社で交替神主制度がとられており、神殿《こうどん》と称される祭司が村の氏子のうちから交替で選ばれ、神殿《こうどん》を中心にして、年ごとの祭礼や境内地の維持がなされている。そして、この神《こう》殿《どん》を選出するのは村の決定機関である宮座であり、この宮座は、鎮守の社を中心に形成されてきた制度であった。つまり、村の構成員はすべて氏子組織の構成員でもあり、鎮守の森の管理主体イコール村落共同体の構成員であったわけである。

都市部においても小規模な神社では、宮座こそないが、その種の性格の管理形態である場合が少なくない。氏子規模が小さく、常駐宮司をもたない小祠では、回りもちで総代を決め、総代会や氏子相互の直接的なコミュニケーションによって、祭礼の準備や日常的な境内地の維持がすすめられてゆく形態が残る。それだけに鎮守の森である境内地も、宗教的機能にとどまらない、社会的機能やレクリエーション的機能をより強くもつものもあらわれてくるのである。氏子規模が小さいがゆえに、総代や世話役を決めてゆくと、四〜五年に一回の頻度で、すべての氏子がどれかにあたってしまうというような例もあり、そのような神社では、結局、氏子達は、平等に境内の維持管理の役務を引き受けることになり、それだけ、地域社会の歴史的、精神的な拠りどころにもなり易い。

しかし、この氏子組織のみによる管理は、一般に財政基盤が弱く、過疎化や市街化といった地域社会の変容には充分対応できない脆さがみられる。荒廃した社殿の改修費用をどこから捻出するのか、樹林の整備・育成は誰がするのか、境内の清掃はどうするか、はては、新来者を昔からの行事に参加させるべきかどうかなど、小規模で閉鎖的な氏子組織による管理ゆえの問題があるのである。

一方、法人組織の体裁は、責任役員会を最高の議決機関とし、宮司資格を有する責任役員を代表にしている。そこでは、必ずしも氏子組織や総代会を必要としてはいないのである。現行の法体系に適合した管理・運営であればよく、法二条による「宗教の教義を広め、儀式行事をおこない、及び信者の教化育成することを主たる目的……」にした活動を前述の手続きを経ておこなうわけで、地域社会とは一歩はなれた、独自の宗教団体としての性格づけが強調されている。とくに都市部での中・大規模神社で、この法人格をもつことの利点は多く、氏子規模が大きかったり、氏子をもたない神社での円滑な管理・運営を保証しているようである。一般的には総代のうちの数名が責任役員を構成するのが通例ではあるが、だからといって責任役員イコール総代とはならないように指導されており、両者のあいだにはおのずから異なる役割が期待されている。

ところが法人格をもつ神社において、代表役員である宮司が常駐していない例が非常に多い。その場合は、神事以外の日常的な管理・運営に、あいかわらず旧来の総代が献身的に働き、そのためにその発言力も大きくなるのである。ここに、氏子組織による管理と法人組織による管理とが二重にかさなる姿をよみとることができるが、じつは、多くの神社の管理・運営実態がこの二重性のうえに成りたっていると考えられるのである。

2 名古屋市における調査事例

前述した管理・運営形態の二重性が各種の神社のうえにどのようなかたちであらわれているか、名古屋市の四区の神社の調査事例からみてゆきたいとおもう。調査では七一社の神社について、周辺土地利用と境内規模のちがいによるその管理・運営実態を探ろうとしている。

一 周辺土地利用別神社タイプの管理・運営特性

① 住宅地（粗）……このタイプの神社の境内地面積は比較的広いが、その氏子地域は狭く、氏子世帯も少ない。氏子地域に住む全住民を氏子としながらも、総代は昔からの氏子から選ばれるため、在来住民と新来者との間にギャップが存在する。神職のいるのは稀で、大部分の神社で総代に

よる管理運営がされている。これは支持母体が弱く、管理運営費を賽銭のみに依存する神社が多く、年間管理費が二〇〇万円以下のため、神職の生活が成立しないのである。宮司がいないため神事も不活発で、氏子組織による祭りが行なわれる程度であり、宗教施設として氏子地域以外から参拝者を引きつける力もない。全体的に宗教法人法に対する認識もうすい。

② 住宅地（密）……境内地面積一、〇〇〇平方メートル～二、五〇〇平方メートルの神社が多く、その氏子地域は一五町内以下が主流で、氏子世帯数一、〇〇〇世帯～二、五〇〇世帯かそれ以下のものが多い。全住民を氏子としているものの、実際には出入りの激しいアパート等の住人や他宗教の信者で氏子になっていない人も多い。常駐宮司のいないのが普通で、各町内から選出された総代が兼務宮司とともに管理・運営方針を決定し、実際の管理運営には総代があたっている。財源は賽銭の他、氏子から集めるところが多く、これは、住民の多くが古くから住み、身近な神社の維持管理に出費することへの抵抗が少ないためと思われる。しかし年間管理費は少なく、神職のいないこともあいまって、祭り以外の神事はあまり活発ではない。地域内の支持基盤は比較的強固であると判断されるが、宗教法人としての充分な認識に欠けるものが多い。

③ 住・商混合地……境内地面積、氏子地域、氏子世帯数等の傾向は住宅地（密）と近似している。また常駐宮司のいる神社も少ない。しかし管理運営にあたっては規約を有するところが増し、選出総代と兼務宮司と協同してこれにあたり、法人としての認識は住宅地（密）の場合より高いと判断できる。財源は賽銭の他、氏子からの徴集金、寄附、神事、町内会からの補助といったように比較的多様化しており、一〇〇万円以上の管理費を有する神社が多く、五〇〇万円以上のものも現

われる。それだけに支出の面でも神職の報酬や神事用品の購入なども多く、神事が比較的よく行なわれていることを示す。しかしその場合でも神職が定期的に訪れる運営方式をとるものが多い。またこのタイプになると社守を置く神社が増し、彼らが境内地の日常的な保守、管理にあたっている。全体的には地域密着型の管理運営がされて、氏子の積極的な関与があり、宗教施設としても比較的活発な活動が認められる傾向にある反面、責任役員会の役割は少なく、法人組織として完全ではないことがうかがわれる。

④ 商・業務地……境内地面積一、〇〇〇〜二、五〇〇平方メートルのものと一、〇〇〇平方メートル以下の二種類のものが多い。氏子地域は二〜四町の神社と一〇〜一四町の神社が多く、これに対応して氏子世帯数も七五〜二五〇世帯のものと一、〇〇〇〜二、五〇〇世帯のものが多い。住・商混合地と比較したとき、氏子世帯数の割には総代が多いが、以前人口が多かった時の慣習と思われる。方針決定には、責任役員会や宮司と総代との共同決定によるものが多く、実際の管理運営にも神職があたっている場合が多い。管理運営費は一、〇〇〇万円以上のものがある反面、二〇万円以下の零細なものもあり格差が激しい。そこでこの地域の神社を二つのグループに分けることができよう。一つは、神職の常駐する大規模神社で宗教施設として氏子地域以外からも広範に人を集め、神社独自で神事、収益事業をなし、法人格に応じた管理運営がみられ、財源も豊かな神社と、もう一つは、常駐宮司のいない小規模神社で町内会等により維持され、旧来の慣習的な管理運営により、細々と境内地保持がされている神社、とである。

以上、周辺土地利用別に神社を概観すると、市街化の程度が高まるにつれて法人としての性格は整えられ、管理運営を氏子組織に依存する度合いが少なくなり、境内地維持に専門職が現われる反面、神社間の格差も表面化することが指摘できる。

二　境内地規模別神社タイプの管理運営特性

①　一、〇〇〇平方メートル未満……氏子地域四町以下、氏子世帯数七五〜二五〇世帯の神社が大半であり、全住民を氏子とみなしている率が高い。管理運営は慣習的な総代会や総代と兼務宮司の共同決定でなされ、責任役員会に対する認識はうすい。財源は賽銭と町内会費に依存し、年間管理費が五〇万円以下の零細神社が半数以上である。常駐宮司はなく、神事も活発でない。境内地維持は町内会活動の一環としてなされているものが多く、地域に依存する度合いが大変強い。

②　一、〇〇〇〜二、五〇〇平方メートル……氏子地域四町内以上、氏子世帯数一、〇〇〇世帯〜二、五〇〇世帯のものが多い。管理運営方針は総代会もしくは総代と宮司の共同で決定され、実際の運営は各町内からの選出総代がおこなう場合が多い。管理運営規約が存在するところが増してはいるものの、責任役員会に対する認識はあまり高くない。財源は多様であり、二〇〇万円以上の年間経費を有するものがかなりみられる。この規模の神社では、宮司が常駐していなくても社守がいる神社が増し、境内地の清掃や保安監視を総代や宮司に代わってとりおこなっている。神事はある程度活発だが、氏子地域のみの宗教施設の性格が強く、依然地域依存型である。

③　二、五〇〇平方メートル以上……氏子地域、氏子世帯数はともに増し、常駐宮司をもつ神社が多い。しかし全住民を氏子とする神社は少なくなり、昔からの氏子を中心とした一部住人となる。相変わらず総代会で管理運営方針が決定される場合も多いが、規約にもとづいて責任役員会で決定

されるものが増加しているのがこの神社タイプの特徴である。財源は多様化し、なかでも収益事業によるものが多くなるのも特徴的であり、それだけ氏子地域に依存せずに神社独自の運営を可能にしているものが多い。管理運営費は祭りの他、社殿の修理、神職報酬、備品の購入などに充てられ、年間管理運営費が一、〇〇〇万円を超えるものもみられる。常駐宮司の効果は高く、境内地の清掃や樹林の手入れ等、日常的な維持管理にも宮司の果たす役割が大きくなる。

以上、境内地規模別に神社を概観すると、規模が大きいほど、宮司の常駐率は飛躍的に増し、総代の任期制も明確になり、法人組織としての運営形態が整えられてくる。とくに二、五〇〇平方メートル以上の境内地規模では、常駐宮司のもとで積極的な管理運営がはかられているといえる。しかし、反面これ以下の境内地規模では、総代等の神社の世話役に管理運営を依存する度合が強く、独立した宗教施設というより、地域内共有空間の性格がうかがわれる。周辺土地利用別神社タイプでの考察とあわせ考えると、地域社会により管理運営される神社が想像以上に多く、逆に、宗教法人として神社自身が自立した活動をおこない得るものは、中心業務地区のうちにある境内地規模一、〇〇〇平方メートル以上、主として二、五〇〇平方メートル以上の神社であると考えられる。

3　労働奉仕、日常的管理作業および利用状況

これも前節の名古屋市での調査結果であるが、清掃費など、鎮守の森の維持管理に経費を支出している例は全体の半分ほどであった。つまり、残り半分の事例では奉仕活動によっているか、あるいは神職がみずから境内地の清掃をしているのである。そこには、住宅地に立地するものほど、氏

子や総代に清掃作業を負うている率が高く、商業地や業務地に立地するものほど、社守や常駐神職があたる傾向が強くみられる。また、境内地規模別にみても、一、〇〇〇平方メートル未満では九割ちかくの神社で氏子および総代がそれにあたっているが、逆に、これ以上になると社守や神職がおこなう率がふえ、半数以上の事例で、氏子組織の手を借りずにすませている。

境内地の清掃以外では、境内の保安・監視や境内林の手入れ、社殿等の保守・修理などの日常的管理作業が考えられるが、ここでは総代の奉仕が顕著であった。清掃には氏子の参加が多いのに、その他の管理作業では氏子の参加がみられず、総代が重要な働きをしているようである。そして、ここでも市街化の進んだ地区の境内地ほど、また規模の大きなものほど、総代が働くケースが少なくなり、常駐神職や社守が作業にあたるという、清掃についてと同様の傾向がみられたのである。

ここで労働奉仕者の年齢層をみると、もっとも多いのが六〇歳以上の男性であり、ついで、四〇歳以上の女性であった。働きざかりの男性はあまり寄与しておらず、境内地利用の主体である子供も不思議なことにほとんどこれをしない。どうやら、社会の第一線を退いた人の活動であるらしく、老人クラブが結成され、これが定期的に労働奉仕をするケースが共通にみられる。

こうした労働奉仕に対する対価と考えられる神社境内地の利用状況はどうだろうか。もっとも多い利用形態はもちろん参拝であろうが、これ以外では、町内の行事や集会、それに子供の遊び場として利用するものが多い。意外にすくないのが、若いカップルの利用である。いまどき、神社参拝に名をかりて境内地でデートをしなければならぬほど若者は不自由ではない、といえばそれまでであるが、やはり境内地の魅力が少ないためであろう。

調査では、集会施設として境内地を利用している事例が半数以上の神社でみられ、とくに、住商混合地に立地するものに多い。公民館の代用として利用されているのである。また子供の境内地利用に対しては、ほとんどすべての事例で理解を示す答えが返ってきている。それでも実態として子供が利用していない例は、小規模境内地と都心の境内地に多く、物理的に遊べないものが多い。

子供が境内で遊ぶのはよいが、ケガをされると困るという問題がある。境内地でケガをされて、神社側が賠償請求されるケースもあり、常駐宮司がいる場合は請求対象がはっきりとしてしまう。これに対する防衛策として保険をかける神社も増しており、はなはだアイロニカルな現象であろう。これと同様なことであるが、境内地の一画を幼児・子供の遊び場に開放する場合でも、できれば公共団体に管理主体を移す神社が増している。これらの現象は、境内地が氏子組織のみの自主的管理であったときには考えられないことであった、とおもわれる。

4 むすび

主として、大都市・名古屋における神社境内地の管理・運営実態を社会的な側面からみてきたが、そこには氏子組織による慣習的な管理手法と、法人組織による近代的な管理手法とが重なり合っているようにおもわれる。そして、そのどちらにより多くの比重がかかっているかにより、鎮守の森の性格は大きく二分されるが、それがそのまま、維持・管理に地域の人々の協力を不可欠とするかどうかのわかれ目になる。いわゆる公益性の強い鎮守の森と、宗教性の強い鎮守の森とでもよべる性格分けであろうか。そして、大雑把な言い方ではあるが、公益性の強い鎮守の森のほうが、現代社会のなかでより危機に直面している、ともいえるのである。*

＊　参考資料　梶谷俊介修士論文「都市内神社空間の管理・運営実態に関する研究」1982年

[V] 展望

1　草の根からみた鎮守の森

日本列島にも、森林の大規模な破壊の歴史が断続的にあった。縄文時代における焼畑農業による森林破壊、弥生時代における稲作・畑作による森林の大規模な破壊。古墳時代におけるたたら製鉄、平安以降の定住社会の到来による都市建設、巨大伽藍の建設、あるいは近世以降にみられる庶民生活にひろく浸透していった燃料や照明の普及などによる山地のはげ山化。そして、近年の工業化・都市化による都市圏の拡がり。それらは、わたしたちの周辺から山地・森林を崩壊へと押しやっている。このような森林の崩壊の系譜の真只中にあっても、なお今日まで、鎮守の森は受け継がれ、周辺が変貌し、開発の波によって自然が失われている景観のなかでも、孤立して厳然として存在している――それが鎮守の森である。

大都市の緑の少ない市街地を、高層建築の窓から見下したとき、こんもりとした緑豊かなまとまりのある樹林のほとんどは鎮守の森であり、ときには社殿特有の古来から受け継がれた建物の形が垣間みられる。近代的市街地景観とは全く異質な空間が、そこにはある。

すでに多くの人が指摘しているように、磐座や神籬に神社の原型があるとされ、巨石や樹木に神が降臨するという聖なる森の信仰にこそ、今日、野生の生物がほとんどいなくなった都市に、わずかでも、鎮守の森として、野生の自然相が保存されるのに寄与してきた。

しかし、この鎮守の森でも、近年大きな曲り角を迎えている。すでにこれまでに報告のあったように、多くの神社では、様々な共通する問題に直面しているが、全体としては、本来、神社を中心として形成されてきた共同体のシンボル性、精神的な中心性の喪失が都市、過疎地域に共通する問題となっている。

すでに鎮守の森の価値の項でも触れているが、神社は、動植物を含む生物的な種、文化財、民俗的行事、祭礼、芸能の宝庫であり、地域の自然史博物館、伝統工芸・建築・美術の博物館とでもいえる価値をもっている。さらに景観的な価値、散策、休息、レクリエーションの場を提供している。

このように評価してくると、神社あるいは鎮守の森は、本来、町づくり、村づくりにおける最も核になる存在であり、草の根の住民参加からもアプローチが可能になる拠点的役割を果すべきものと位置づけられよう。過疎地域においては、ごくわずかな事例であるが、マキノ町のように集落にとどまった若者たちが、神社の歴史的背景を自ら調べ、学習することによって、地域とのアイデンティティ(一体感)を再確認し、自らの手で明日への指針を模索している動きもある。彼らにとっては、歴史こそ共通の会話であり、経済合理主義から見離されがちな地域にとどまる源泉となっているのである。観光拠点としての整備や、文化施設利用への展開など、過疎地の活性化にも大きな役割を果す潜在力を、鎮守の森はもっているだろう。

一方、都市における鎮守の森は、先にも触れたように、自然や文化財が喪失してゆくなかにあって、ますますその重要性が高まってきている。新しい役割としては、比較的大きな境内地には、避難緑地や防災緑地の機能が与えられつつある。草津市でみられたように、児童公園の大きさにも満たない神社が、全体の八〇パーセントを占める例がある。しかし、このような神社でも、新住民の増加してきている現状では、神社は、新旧住民の交換、交流の場として機能しうる可能性も考えられるのではないか。例えば、新住民も参加しうる祭の新たなる創造、地域の人々がつくったものやいらなくなった廃品の物々交換市の創設、あるいは、旅行、研修、見学、学習その他今日の生活のなかにうるおいをもたらす非日常的な活動をより促進させるための新しい型の「講」の創設、さらには、境内地の森のなかで、仮設のテント劇場、野外の伝統的な楽器による音楽会など、境内地は今後、ゆたかな地域社会を築きあげてゆくうえで、大きな役割を果す舞台とみることができるだろう。ただし、新旧住民の融合化には、先にも指摘したような困難な問題を多く含んでおり、今後の慎重な研究対応策が必要である。

一方、参道の清掃や、社務所の利用等に積極的に参加している団体として、老人クラブ、婦人会、子供会の役割が大きいことも、今回の調査でわかった。おそらく、今後もこの延長上で、鎮守の森の利用、活性化が図られるに違いない。

このような活動は、神社のもつ本来の宗教的役割の外側に付随する範疇に入るものであるが、森の壮観さと神社の外形がそこなわれずに、むしろそれらを舞台として生かす、草の根からの発想と活動こそ、新しい文化行政の在り方のモデルになるにちがいない。

2　行政の取りあげるべき意義

もっとも、鎮守の森を基点にしたこのような保存と活用の方向を、行政の施策としてとりあげるには、それなりの論拠なり、基盤がなければならない。

行政が手をさしのべねばならない第一義は、「一般的価値評価」でものべたように、自然的、文化的、環境的、社会的価値を有するものの保存である。第二義は、草の根からの町づくりの手掛りとしての、拠点的意味の積極的評価、広報、支援である。しかし、後者は、宗教的役割を排除し、あくまで古代の祖形に戻る素朴な自然や、生命へのあこがれや畏怖といった内面的、精神的な価値の発掘をベースにすることが肝要であり、行政としてこれをとりあげる方法論については、いっそうの研究がなされる必要があろう。

第三義は、行政が必ずしも関わるべきものではないが、鎮守の森を、何故、今日とりあげねばならないかということについての、形而上的あるいは文化論的な考察を、一つの仮設として述べておこう。

この項の冒頭でも触れたように、日本列島には、外国の多くの歴史と同じように、いくたの森林の大規模な破壊があった。しかし、そのつど、人間の叡智によって、森林の再生、復元に努めてきたことも事実である。勿論、吉良竜夫の指摘するように、照葉樹林のなかの王者といわれたイチイガシの森林を、集落建設のために伐り尽してしまって、ほとんど今日その面影さえみられない事例もある。イチイガシの喪失と共に、多くの野生動物もいなくなってしまっただろう。しかし、近代の大都市地域やその近郊地域を除いて、日本列島には人の手が入り、質的には変化しながらも、おおむね樹林は保存されてきたといえるだろう。

この保存され、育成されてきた森林や樹林の中座にあるのが、鎮守の森といえないだろうか。一般に「みどり」と総称される自然は、わたしたちの身のまわりには多種多様である。奈良の春日山のような原生林から、スギやマツの人工林、サクラやモミジの名所、果樹園、水田、畑地、ゴルフ場や公園の芝生、街路樹、住宅の庭園、草花など。そのなかにあって、鎮守の森は、最も野生の原生林であり、他は、人間の手で常に手が加えられねば維持されえない〝みどり〟である。そして、後者の〝みどり〟は、時代の流れによって変化する自然である。しかるに、鎮守の森の〝みどり〟は、生態系でいう、遷移の過程における極相林（クライマックス）の姿を常に維持し、長い年月変わりえない永遠の「みどり」なのである。

境内林には、一〇〇年以上の巨木のある例が多いが、森林がどれだけ破壊されようが、時代がどのように変ろうが、原始の姿の森の形態を維持しようとしてきた価値——これこそ、くり返されてきた森林の破壊の歴史の流れにあっても、起きあがり小法師の基点の位置の役目をもって、「みどり」の復元、再生に果してきた価値として評価すべきだろう。

いいかえれば、鎮守の森は、場あるいは、地域の平衡状態を維持する〝要〟の位置にあった。さらにいいかえれば、日本列島に異種文化が入り、混合のルツボにあっても、たえず本来の基点に立つべきバランスの中心に、神社と森が介在していたといえる。

変化のないこと——神社と森におけるそれは、時間、形式、空間、様式、景観の固定である。鎮守の森の周辺地域社会が変動していっても、ここだけは動かない。一カ所だけが動かない、固定の空間がそこにある。このような文化形態は、日本ではまさしく常態ではない。年々歳々めまぐるしく変化する日常生活空間のなかで、神社と森だけは、時代の流れに逆行しているようである。

稲垣栄三は次のように述べている。「神社建築のもつ大きな特徴の一つは、建立年代の新しいものであっても、古い形式が慎重に維持されることが多いという点である。伝統の墨守という慣習は、一般に宗教建築には通例である……。ただ神社の場合、とくにその傾向がいちじるしく、各時代の表現意欲や技術を極力抑え、莫大な資力と労力をそそぎこんでまで古式にしたがおうとする努力が、ときには異常にすらみえるはずである」

ここでいう異常の一つは式年遷宮であるが、それに関係なく、神仏混交によっても、神社建築がその伝統を保持してきたことをとりあげても、伝統の墨守への情熱は異常であることを物語っている。

鎮守の森の森林の方がクライマックス（極相）の姿を迎え、生態系のシステムとしては静止、つまり到達するところまできた、いわば自然における最高の完成された姿として停止しているとすれば、一方の神社の建築は、建築の発達という視点からとらえれば、過去の一定の段階で進化のストップした状態のまま今日まできているのである。人間でいえば、少年まで成長したけれども、少年のまま、それで成長が止まり、今日に至っている状態といってもよいだろう。

神社と森は、いずれも、時間、様式、形態、空間、景観、その他すべてが静止し、固定した状態で今日存在し、これからも、存在しつづけるに違いない。このような場が今日、わたしたちの日常ごく身近なところに一つの文化形態として存在している。このような視点からみる価値を、変転極まりない現代社会あるいは地域社会のなかで、どのように評価すべきだろうか。この第三義の価値は、町づくり、村づくりの最も根底のところで、おそらく重大な意味をもつにちがいない。

3　環境的価値からの保存

以上のべた鎮守の森のもつ形而上、形而下的な価値を、行政とのかかわりで、さらに具体的な展望として展開しておこう。

鎮守の森は、大きくわけて、自然的価値、文化的価値、環境的価値、社会的価値の四つの側面があったことはすでに述べた。

これらの価値のうち、自然的価値は多くの分野でとりあげられてきた経緯がある。中尾佐助等による照葉樹林文化論をはじめとして吉良竜夫、宮脇昭のように、生態学的な視点からの自然保存への運動があり、その価値は広く浸透しつつある。また法律や制度としては、自然環境保全法、都市緑地保全法等、あるいは自治体が定める各種の条例によって、鎮守の森の保存はある程度カバーされようとしている。第二に鎮守の森に内包される社殿建築、伝承芸能、古文書あるいは古木等は、文化財保護法により、一応保存の対象としてあげられており、鎮守の森の文化的価値の保存のルートは、まがりなりにも保証されている。

第三に、鎮守の森の社会的側面すなわち、氏神と氏子といった地域共同体をとりまく制度は、すでに触れたように、様々な問題がある。しかしこの分野においても、神官等による神社の維持機構は、神社庁がかかわっており、また氏子組織も素朴な信仰や地域の自発的な活動によって支えられている。

このようにみてくると、鎮守の森をとりまく四つの価値のうち、三つまでは一応、法律や制度等の網にかかっており、それらをよりきめこまかに適用してゆけば、鎮守の森の保存はある程度達成されよう。しかし、問題はすでに触れているように、それでも鎮守の森の破壊が止まらないことにある。鉄道や道路建設による破壊、境内では、神社の経営上の問題から駐車場を設けたり、コンクリートの結婚式場、公民館等を建設して樹林を伐採している。このような破壊から、鎮守の森を守ってゆくためには、上記三つの既存の法や制度では充分でないことは明らかである。なぜならば、このような破壊がもたらしているインパクトとしての都市化、人工化は、いまわたしたちの「居住環境」そのものを左右する要因であり、鎮守の森それ自身がこのような背景のもとで、環境財としての価値をいやがうえにも高めつつあるからである。

本調査において、我々が第四の価値として、鎮守の森の環境的視点を大きくとりあげようとしている理由も、以上のところにあるといえる。さらに、日本において独得な伝統に支えられてきたこのような環境財を、「伝統的環境財」と考えるのも、以上の理由によっている。しかも伝統的環境財としての視点からの保存の法制度は、今日の都市化、人工化のなかで、ほとんど整っていないのである。

4　伝統的環境財としてのフレーム

伝統的環境財としての鎮守の森は、いわば、人間と森との関係のなかでとらえられる。いいかえれば、人間と自然との関係である。その自然は、信仰と共同体のなかから生まれたものであるが、それが、今日の都市化、人工化のなかで、いかに新しい環境財として位置づけられるかが、今後の展開として重要となろう。つまり、鎮守の森を伝統的環境財として具体的にどのような枠組（フレーム）として展開するのか、という点である。

ここでは、我々はそのフレームを次の五つの要素からなるものとして設定することを提案したい。

（一）立　地
（二）規　模
（三）密　度
（四）形　状
（五）構　成

立地とは、鎮守の森がどのような場所に存在しているかといった視点である。すなわち、都市地域、田園地域といった土地利用的条件、あるいは山腹、山麓、平坦地といった地理的な条件が、立地要因にかかわるであろう。

規模は境内敷の大きさである。規模の大きさは、鎮守の森の質を決める第一にとりあげるべき要因であり、保存の最も重要な手掛りとなる。

密度はここでは樹林密度を意味する。樹林の疎密は、自然環境財としての内容を決めるものである。

形状は社域の平面的な形を意味し、構成は樹林、社殿等の建物、参道等の構成のされ方を意味する。構成においては、すでにのべたパス・エッジ・ノード・ランドマーク・ディストリクトといった空間の型からとらえられる、鎮守の森全体のなり立ちを分析するものもあるが、景観等はこの範疇に入る。

鎮守の森の今後の保存・修景に際しては、以上の五つの要素からそれぞれ個別的に鎮守の森を分析、提言し、それらの結果を統合して、一貫した保存体系を組み立てるようにしたい。

しかし、このフレームは、あくまでも鎮守の森を伝統的環境財としてとりあげるための座標軸であるにすぎず、この座標軸をめぐって、伝統的環境財としての人間と森との関係構造の理論化、保存手法の具体的提言がなされねばならない。ここでは、これらの座標軸のなかから、規模のみをとり出し、今回の調査によって得られた資料をもとにして、鎮守の森の保存・修景への提言をこころみた。次項がその内容である。

5　規模からの保存修景区分への提言

鎮守の森のもつ総体としての価値を失うことなく、伝統的環境財という視点で今後保存修景をすすめていくには、具体的にはどうするのかは早急に検討する必要がある。ここでは、その手懸りとして保存・修景の際の種区分について触れることとする。

鎮守の森は、その歴史的背景や風土・規模等の違いから様々なものがあり、ひとつひとつが個性をもっている。しかし、今回の現地調査の結果、鎮守の森の規模を軸として総合評価得点との関係で、大きく三グループ六タイプに区分しうることが予想された。この結果をもとに、種区分を行なえば下記のような分類が提案される。

(一)　第一種

このタイプは、規模の目安としては一〇ヘクタール以上の鎮守の森である。このような大規模な社域をもつものは、さほど多くない。今回の調査対象地では出現しなかったが、滋賀県では日吉大社（大津市）が該当する。これくらいの大きな神社は、その歴史的背景やそこに内包される社殿建築・参道・文化財等についても重要なものが予想される。また、これくらいの大きな樹林地は、小・中型哺乳類の棲息も可能となり、自然環境としても重要な価値が発生する。これに該当する神社では、氏子組織よりも神社サイドの管理体制が強く、その保存・修景については、地元市町村より県・国レベルでの対応が妥当と考えられる。

㈡　第二種

このタイプは、規模の目安としては二〜三ヘクタール以上の鎮守の森である。この規模クラスは今回の調査対象地の中では、沙沙貴神社（安土）、印岐志呂神社（草津）、奥石神社（安土）、意富布良神社（木之本）が該当する。樹林の大きさからいえば、小型哺乳類の棲息が可能であり、自然林の断片を内包しており、今後の維持管理によっては、まとまった面積の自然林を復元することが充分に可能である。さきの事例では、各評価項の得点も平均して高く、比較的内容がバランスしてよいタイプといえよう。このような鎮守の森が都市地域にある場合は、防災（避難）緑地等、都市の骨格的緑地としての価値も高いであろう。したがって、第二種に該当する鎮守の森では、歴史・文化財的側面については県レベルで、緑地・自然的意味においては市町村レベルで、社会的側面においては地域コミュニティレベルでの保存・修景的対応がふさわしいと考えられる。

㈢　第三種

このタイプは、規模の目安として〇・三〜二・三ヘクタールの大きさである。〇・三ヘクタールは小規模な自然林成立の最低限の面積であるが、昆虫をはじめとする小動物にとっては、充分な生活の場の大きさである。また、このクラスの面積はほぼ都市公園の住区基幹公園（児童公園、近隣公園）の大きさに対応しており、また、分布密度状況からして、地域コミュニティとの密接な関係をつくり出しやすい状況にある。また、面積が一ヘクタール以上のもので都市地域に存在するものは、第二種と同様に防災緑地的な価値も出てくる。したがって、第三種に該当する鎮守の森の保存・修景においては、市町村、コミュニティレベルで対応していくことが妥当と考えられる。

㈣　第四種

このタイプは〇・三ヘクタール以下の小規模な鎮守の森が該当する。この程度の規模では、全般的にそこに内包する社殿建築・参道等の価値はさほど高くなく、もはや自然林の成立は不可能であるが、〇・三〜〇・一ヘクタールのものは大木による社叢景観を構成することが可能であり、都市地域にあっては貴重な緑としての存在価値はある。その良好な事例が伊砂砂神社（草津市）である。都市公園のタイプで言えば、児童遊園的なコミュニティの日常生活に密着した空間として位置づけることが可能な存在である。したがって、第四種の鎮守の森の保存・修景においては、コミュニティレベルでの対応を目指すのが妥当であると考えられる。

以上、今後の鎮守の森の保存・修景の際の目安として、主にその規模の側面からの種区分について述べたが、今後は、それを実現化するための法制度等の整理や、具体的保存・修景のためのマニュアルづくりなどの対策が必要となってくるものと考えられる。

6　おわりに

ここに、伝統的環境財としてとりあげた鎮守の森は、その名の示すように、長い年月を経て今日まで継承された森である。その森は、伝統の墨守、極相林などといった言葉でとらえられるように、それをとりまく時代の激しい移り変りにもかかわらず、今に存在しつづけている。しかしその森も、ここ数十年の急激かつドラマチックな変化を前にして、次第に破壊への道をたどろうとしている。

このような認識のもとに、本調査では、鎮守の森を新しい時代の要請する価値という視点から、伝統的環境財として位置づけているが、今後、このような位置づけをさらに発展させるためには、伝統的環境財の理論体系、及びその体系からみた保存方法の基礎研究が進められなければならない。

すでに、伝統的環境財をとらえる枠組みとして、五つの要素を措定した。そのうち、本報告書では、規模からみた保存・修景の提言を行なっている。しかし、それ以外の要素の分析や全体の理論体系保存手法等はまだ十分でなく、今後に残された課題は多い。

いずれにせよ、今回、設定した要素や提言をさらに確実なものにし、理論、方法を整備し、法律や条例、制度として定着化させてゆくためには、例えば滋賀県に現存する鎮守の森についても総合調査をしなければならないだろう。今回の調査票による調査は、いろいろな制約上、三二事例にすぎなかった。滋賀県では全部で一、三〇〇社あるとされ、今回の事例はほんのひとにぎりにすぎなく、いわば「予備調査」ともいうべき段階であり、全数調査はこの種の理論方法確立のためには不可欠である。

しかし、今回で、一応の調査内容、項目、様式等の調査マニュアルは確定されたので、これらの方法にもとづき、さらに総合的な調査が実施されることが望まれる。また、これらの成果を滋賀県だけに止めず、同じ問題をかかえた全国の自治体へも広げてゆく必要があるだろう。

鎮守の森のかかえるこのような課題に対して、本調査はほんの端緒についたばかりの成果を出したにすぎないが、この成果をより発展させるために、大方のご批判、ご叱正をお願いする次第である。

鎮守の森、もしくは神社のもっとも多い府県の一つである京都府および京都市では、一九八一年一〇月、それぞれ条約によって、鎮守の森を「文化財環境保全地区」としてその保全をはかることとした。そして京都府では、すでに二〇〇七年三月現在六七件、京都市では八件の指定をおこなっている。以下に、京都府の条例（京都市もほぼ同じ内容のものである）および京都市の条例施行規則の抜粋をかかげ、かつ、京都府で指定になった文化財環境保全地区の事例を紹介する。これらは、現段階において鎮守の森の保存のもっともすすんだケースである。

■京都府文化財保護条例（抜粋）

第7章　府指定有形文化財等の環境保全

（環境保全地区の決定）

第53条　教育委員会は、この条例の規定により指定又は登録された有形文化財又は記念物（以下この章において「府指定有形文化財等」という。）について、その保存のため必要があると認めるときは、文化財環境保全地区を決定することができる。

2　前項の規定による決定をするには、教育委員会は、あらかじめ当該地区内の土地、建築物その他の工作物の所有者及び権原に基づく占有者の同意を得なければならない。ただし、所有者又は権原に基づく占有者が判明しない場合は、この限りでない。

3　第1項の規定による決定には、第7条第3項及び第4項の規定を準用する。

（環境保全地区の取消し）

第54条　教育委員会は、前条第1項の規定による文化財環境保全地区を定める必要がなくなったときは、当該地区の決定を取り消すことができる。

2　前項の規定による決定の取消しには、第7条第3項及び第4項の規定を準用する。

（行為の届出）

第55条　文化財環境保全地区の区域内において、次の各号に規定する行為をしようとする者は、その行為をしようとする日の20日前までにその旨を教育委員会に届け出なければならない。

(1)　建築物その他の工作物の新築、増築又は改築

(2)　宅地の造成、土地の開墾その他の土地の区画・形質の変更

(3)　木竹の伐採

(4)　土石類の採取

(5)　水面の埋立て又は干拓

(6)　前各号に規定する行為のほか、教育委員会規則で定めるもの

2　前項の規定にかかわらず、次の各号に規定する行為については、届出を要しない。

(1)　通常の管理行為、軽易な行為その他の行為で教育委員会規則で定めるもの

(2)　非常災害のために必要な応急措置として行う行為

3　教育委員会は、第1項の規定による届出があった場合において、府指定有形文化財等の保存のため必要があると認められるときは、その届出をした者に対し、当該届出に係る行為について必要な措置を執るべきことを指示し、又は指導及び助言をすることができる。

（国の機関等に関する特例）

第56条　国の機関、地方公共団体又は文化財保護法施行令（昭和50年政令第二六七号）第1条に規定する法人（以下「国の機関等」という。）が行う行為については、前条第1項の規定による届出を要しない。この場合において、当該国の機関等は、前条第1項の規定による届出に係る行為をしようとするときは、あらかじめ教育委員会に通知しなければならない。

■京都市文化財保護条例施行規則（抜粋）

第6章　文化財環境保全地区

（行為の届出）

第37条　条例第55条第1項の規定による行為の届出は、文化財環境保全地区内における行為届（別記第28号様式）によるものとする。

（行為届等の記載事項等の変更の届出）

第38条　条例第55条第1項の規定により文化財環境保全地区内における行為の届出をした者は、当該行為届又は添付書類等に記載し、又は表示した事項を変更しようとするときは、あらかじめ文化財環境保全地区内における行為変更届（別記第12号様式）により教育委員会に届け出なければならない。

第39条（届出を要する行為）
条例第55条第1項第6号に規定する教育委員会規則で定める行為は、建築物その他の工作物の色彩の変更とする。

第40条（届出を要しない行為）
条例第55条第2項第1号に規定する教育委員会規則で定める行為は、次の各号の一に該当するものとする。

(1) 建築物の新築、増築又は改築で、その新築、増築又は改築に係る部分の高さ及び床面積の合計がそれぞれ10メートル及び10平方メートル以下であるもの。

(2) 次に掲げる工作物（建築物以外の工作物をいう。以下この号において同じ。）の新築、増築又は改築。

ア 文化財環境保全地区の区域内において行う工事に必要な仮設の工作物

イ 水道管、下水道管、井戸その他これらに類する工作物で地下に設けるもの

ウ 社寺境内地又は墓地における鳥居、とうろう、墓碑等

エ その他の工作物で、その新築、増築又は改築に係る部分の高さが一・五メートル以下であるもの

(3) 次に掲げる土地の形質の変更

ア　面積が10平方メートル以下の土地の形質の変更で、高さが一・五メートルを超えるのりを生ずる切土又は盛土を伴わないもの
イ　文化財保護法（昭和25年法律第二一四号。以下「法」という。）第57条の規定に基づく埋蔵文化財の発掘調査
(4)　次に掲げる木竹の伐採
ア　枝打ち、間伐等木竹の保育のために通常行われる作業
イ　枯損した木竹又は危険な木竹の伐採
ウ　自家の生活の用に充てるために必要な木竹の伐採
エ　仮植した木竹の除去
オ　測量、実地調査又は施設の保守の支障となる木竹の伐採
(5)　土石類の採取で、当該土石類の採取による地形の変更が第3号のアの土地の形質の変更と同程度のもの
(6)　面積が10平方メートル以下の水面の埋立て又は干拓
(7)　建築物その他の工作物のうち屋根、壁面、煙突、門、塀、橋、鉄塔その他これらに類するもの以外のものの色彩の変更
(8)　前各号に掲げるもののほか、次に掲げる行為
ア　法令又はこれに基づく処分による義務の履行として行う行為
イ　建築物の存する敷地（社寺の境内地を除く。）内で行う行為。ただし、次に掲げる行為を

除く。
(ア)　建築物の新築、増築又は改築
(イ)　建築物以外の工作物のうち、当該敷地に存する建築物に附属する物干場、受信用の空中線系（その支持物を含む。）その他これらに類する工作物以外のものの新築、増築又は改築
(ウ)　高さが一・五メートルを超えるのりを生ずる切土又は盛土を伴う土地の形質の変更
(エ)　土石類の採取で、その採取による地形の変更が(ウ)の土地の形質の変更と同程度のもの
(オ)　建築物その他の工作物の色彩の変更で、第7号に該当しないもの
(カ)　高さが5メートルを超える木竹の伐採
ウ　農業、林業又は漁業を営むために行う行為。ただし、次に掲げる行為を除く。
(ア)　建築物の新築、増築又は改築
(イ)　宅地の造成又は土地の開墾
(ウ)　森林の伐採（弱度の択伐を除く。）
(エ)　水面の埋立て又は干拓
エ　都市公園法（昭和31年法律第79号）の規定による都市公園及び公園施設の設置及び管理に係る行為
オ　自然公園法（昭和32年法律第一六一号）の規定による公園事業又は府立自然公園のこれに相当する事業の執行として行う行為

カ　都市計画法（昭和43年法律第一〇〇号）第4条第15項に規定する都市計画事業の施行として行う行為

キ　歴史的風土保存計画に基づき、古都における歴史的風土の保存に関する特別措置法（昭和41年法律第1号）第5条第2項第2号に規定する施設の整備のために行う行為

ク　法第27条第1項の規定により指定された重要文化財、法第56条の10第1項の規定により指定された重要有形民俗文化財、法第57条第1項に規定する埋蔵文化財若しくは法第69条第1項の規定により指定され、若しくは法第70条第1項の規定により仮指定された史跡名勝天然記念物、府指定有形文化財、府指定有形民俗文化財若しくは府指定史跡名勝天然記念物、京都府登録文化財に関する規則（昭和57年京都府教育委員会規則第6号）第2条の規定により登録された京都府登録有形文化財、京都府登録有形民俗文化財若しくは京都府登録史跡名勝天然記念物、法第98条第2項の規定に基づく市町村の文化財保護条例（以下「市町村条例」という。）の規定により指定された市町村指定有形文化財、市町村指定有形民俗文化財若しくは市町村指定史跡名勝天然記念物又は市町村条例の規定に基づく市町村教育委員会規則の規定により登録された市町村登録有形文化財、市町村登録有形民俗文化財若しくは市町村登録史跡名勝天然記念物の保存に係る行為

（応急措置の報告）

第41条　条例第55条第2項第2号に掲げる行為をした者は、その行為の日から20日以内に文化財環境保全地区内における非常災害応急措置報告書（別記第29号様式）により教育委員会に報告しな

ければならない。

■京都府文化財環境保全地区指定箇所［昭和五八年九月までの指定　一五件］（「京都の文化財」より転載）

和伎座天乃夫岐売《わきにいますあめのふきめ》神社文化財環境保全地区

相楽郡山城町大字平尾小字里屋敷五五—二他　和伎座天乃夫岐売神社

当社は平尾の集落の東の丘陵部にあり、国鉄棚倉駅東方、旧大和街道から参道がのびる。本殿は南面する三間社流造で、元禄五年（一六九二）の建立である。本殿に連なる拝殿、西側には末社が並び、切妻造の表門（四脚門）のある境内は明るい感じをうける。

当社は、水田地帯に残る、いわゆる「鎮守の森」としての景観をもつ。旧街道から東への参道沿いには、高さ一〇m程度のカシ・シイ類が連なり、折曲がって北への参道沿いにはツバキやスギの大木が並ぶ。そして森としての景観をつくりだしているのは、境内北側と東側の常緑広葉樹である。

当社は、古代の農耕祭祀の儀礼を今に伝える「棚倉の居籠祭」（府指定無形民俗文化財）が知られ、また弥生期の集落跡とみられる遺跡も発見されており、森自身のもつ歴史的価値も高い。

旦椋《あさくら》神社文化財環境保全地区

城陽市字観音堂小字甲畑一一一二　旦椋神社

当社は旧観音堂の産土神で、集落の北のやや離れた長谷川の谷ぞいの山すそに鎮座する。東方の丘は土砂採取によって削りとられている。

平坦で長い参道の奥にある本殿は覆屋内にある二間社流造で、桃山時代のはなやかな装飾の建物である。

境内は高いシイ中心の林で、参道沿いは低いカシである。本殿の周囲は少数のカエデ、後方の山はマツを中心とした針葉樹林である。

天満神社文化財環境保全地区

城陽市字市辺小字城ノ下八八　天満神社

当社は市辺の集落からは、かなり離れた山麓の少し高いところに境内がある。

本殿は小規模ながら本格的なつくりの一間社流造で、桃山時代のはなやかな装飾と正統的な手法を併せもつものである。

参道から境内の東側にはクスノキ等の常緑広葉樹とスギ・ヒノキがまじり、さらにモウソウダケがある。境内西側は竹林であるが、カシ・ツバキもあり、参道にはカエデもある。

内《うち》神社文化財環境保全地区

八幡市内里内一他　内神社他

当社は内里の集落の西端に位置し、本殿は江戸時代中期の建物で、落着いた復古的な感じを持つ一間社流造である。

森は全域にわたってクスノキの高木が目立ち、そのまわりはサカキ・ヒノキである。北側には竹が群生するが、社殿前にはサクラ・タチバナが植えられており、全体に常緑広葉樹林である。境内林は本殿と一体となって、水田地帯の遠目にも目立つ「鎮守の森」としての景観を持つ。

咋岡《くいおか》神社文化財環境保全地区

京田辺市草内小字宮ノ後五他　咋岡神社他

当社は木津川左岸の平野部にある草内の集落の南北を縦貫する道路の南端に位置する。

本殿は一間社春日造で、彩色の施された装飾の豊かな江戸時代中期の建物である。

境内周囲は堀で囲まれ、中世の環濠内の城の趣きがある。周辺が水田地帯であり、うっそうとした森は奥行のある景観を呈している。境内周辺は北端部に竹林があるものの、全体として常緑広葉樹林が占め、社殿に近づくにつれ針葉樹が増す。

朱智神社文化財環境保全地区

京田辺市天王小字高ヶ峰　朱智神社

天王の集落を抜け、山道奥深く入った高ヶ峰の山上に鎮座する。鬼門の方向を軸とする境内構成で、境内は石段によって三段に分けられる。第一段の耳石に永正四年（一五〇七）、第二段に天文一〇（一五四二）の銘がある。

本殿は棟札と擬宝珠銘から慶長一七年（一六一二）の建立で、山城地方の神社建築のなかでも年代が古く質の高いものである。

当社は山中にあり、参道までの道沿いにはヒノキ・スギ、背後に竹林がある。参道両側にはシイ・カシ等が、本殿北側にはスギを中心とした常緑広葉樹林である。

棚倉孫《ひこ》神社文化財環境保全地区

京田辺市田辺小字棚倉四九他　棚倉孫神社

当社は田辺町の中心街の北部、府道木津八幡線沿いの小高い丘の上に立地する。丘の下には新旧の民家が密集する。参道入口からの急坂を登ると境内が一望される。当社本殿は山城では年代の想定できる最も古い桃山時代の一間社流造である。

本殿背後に竹林があり、社殿を取囲むようにシイ・クスノキの常緑広葉樹が茂り、参道附近にもモチ等があり、更にカエデが彩りを添えている。

天神社文化財環境保全地区

京田辺市松井小字向山一他　天神社他

当社は田辺町松井の集落の西手の山の中腹東側斜面に鎮座する。ふもとからの長い参道の脇には旧神宮寺・中性院坊舎の跡とみえる平地も所々のこる。本殿は一八世紀初頭、享保年間（一七一六～三六）の建立とみられ、山城地方では例の少ない二間社として貴重である。

社殿まわりには、スギ・ヒノキの針葉樹がみられ、シイ・カシの常緑広葉樹が取囲み、更にそのまわりを竹林が囲む。長くゆるやかな参道周辺にはサクラ・カエデの並木である。

高《たか》神社文化財環境保全地区

綴喜郡井手町大字多賀小字天王山一他　高神社

当社は多賀の集落と南谷川を隔てて、南東方の山中にある。参道はゆるやかに曲線を描きながら進み、最後は急な石段が約五〇m程度続く。現本殿は棟札によると慶長九年（一六〇四）に新造したもので、桃山時代の華やかな装飾をもつ三間社流造である。

境内林は総じてスギの植林であり、参道周辺はシイ・サカキに加えてカエデ・マツがみられる。社殿まわりはシイ・カシ・ツバキ等の常緑広葉樹である。

天神社文化財環境保全地区

綴喜郡宇治田原町大字奥山田小字宮垣内一五〇他　天神社

神社は奥山田の集落のほぼ中央の宮垣内にあり、小盆地の西側の山の小高い丘に、集落を見おろすように鎮座する。本殿・境内社は境内のなかで最も高いところに位置し、本殿・境内社とも江戸前期の建物であるが、古様をとどめたところが多く、室町時代とみえるところも多い。

神社東の道路からの参道のまわりはサクラ・カエデ・マツの植栽がなされ、社殿の背後はカシ・シイ等の常緑広葉樹林、更に後方はスギの植林である。

天神社文化財環境保全地区

相楽郡山城町大字神童子小字不晴谷一七七　天神社

当社は鳴子川の一支流の奥深い谷間の集落・神童子の東端に位置し、西端の神童寺と向いあう。東端部に、わずかに開けた境内の奥に鎮座する本殿は、幾度かの改変を受けているものの基本的には室町時代の造営による建物である。また境内北西部の杉木立の中には重要文化財天神社十三重塔（石造）があり、また北縁部には鎌倉時代末期の作とおもわれる石造多宝塔がある。

境内背後の周縁部を常緑広葉樹が取囲み、山地の針葉樹林へと連なる。境内では南側の川に沿って、スギ・ヒノキが連なり、参道入口西側には針葉樹とカシが混在する。

松尾神社文化財環境保全地区

相楽郡山城町大字椿井小字松尾四一　松尾神社

当社は椿井の集落の東方の丘陵上にある。周囲は山林で、西方が茶畑、参道は南側からの竹林のなかを登る。周辺には、ため池が多い。

本殿は重要文化財の一間社春日造で、その東に同じく春日造の境内社を配し、いずれも奈良春日大社の古殿移築である。四脚門の表門と大型の拝殿は慶長年間建立の建物である。

周囲の森は竹林の侵食が激しいが、境内周辺には常緑樹の林が残る。北側にはヒノキがみられ、参道両側にはスギ・ヒノキがあり、うっそうとした森を形成している。

有市《ありいち》国津神社文化財環境保全地区

相楽郡笠置町大字有市小字平ノ畑五六―一　有市国津神社他

当社は西流する木津川の北岸、有市の集落の東端、国道沿いに鎮座する。本殿は春日大社の古殿を正徳一年（一七一一）に移築したもので、大社では元禄三年（一六九〇）の造営のもので、年代の確かな移建例である。

本殿周辺部、特に北側には高さ二〇m程度のスギ・ヒノキの大木がみられ、森は多種の常緑広葉樹が占め、うっそうとした景観を呈している。

武内神社文化財環境保全地区

相楽郡精華町大字北稲八間小字北垣外四三他　武内神社他

神社は北稲八間の集落の北、比較的緩やかな尾根の先端、やや小高い所に鎮座する。現本殿は江戸時代前期に整えられたと考えられるが、細部によく古様をとどめ、また装飾は特徴的である。

境内入口は前面道路より高く、石垣で固められ、その上に土塀がめぐる。入口附近にはサクラが、本殿まわりにはツバキ・サカキが、周辺にはヒノキ・スギが広がる。本殿後方の神社森はシイ・カシ等の常緑広葉樹であり、北側は竹林である。

六所《ろくしょ》神社文化財環境保全地区

相楽郡南山城村大字野殿小字宮ノ前一　六所神社

当社は山中の盆地である野殿にあり、三方を山に囲まれた谷の奥の平坦地に鎮座する。

本殿は一間社春日造、屋根厚板段葺で、その他の五社と共に茅葺の覆屋の中にある。前方の舞台も茅葺であり、あまり例はない。

境内は谷の奥にあるため、木立のなかの長い参道を持つ。境内周辺には一部常緑広葉樹があり、全体としてスギ・ヒノキが主体で、うっそうとした感じを与える針葉樹を中心とした鎮守の森である。

■ 京都府文化財環境保全地区指定箇所

［昭和58年10月から平成19年3月までの指定 52件］（平成18年度 京都府文化財総合目録より）

1 八幡宮社（京都市右京区京北町上中）
2 楊谷寺（長岡京市浄土谷）
3 下居神社（宇治市宇治下居）
4 興聖寺（宇治市宇治）
5 荒見神社（城陽市富野荒見田）
6 平井神社（城陽市平川東垣外）
7 正法寺（八幡市八幡）
8 須賀神社（京田辺市打田宮本）
9 酬恩庵（京田辺市薪）
10 玉津岡神社（綴喜郡井手町井手）
11 建藤神社（綴喜郡宇治田原町禅定寺）
12 相楽神社（相楽郡木津町相楽）
13 岡田国神社（相楽郡木津町木津）
14 当尾磨崖仏（相楽郡加茂町岩船・西小）
15 白山神社（相楽郡加茂町岩船）
16 八幡宮（相楽郡加茂町森・高去）
17 天満宮（相楽郡和束町園）
18 鍬山神社（亀岡市上矢田町）
19 鎌倉神社（亀岡市東別院町鎌倉見立）
20 薭田野神社（亀岡市薭田野町佐伯垣内亦）
21 松尾神社（亀岡市旭町）
22 與能神社（亀岡市曽我部町寺蛇谷）
23 小幡神社（亀岡市曽我部町穴太宮垣内）
24 法常寺（亀岡市畑野町千ヶ畑藤垣内フキ谷）
25 摩気神社（南丹市園部町竹井）
26 八幡神社（南丹市美山町北）
27 多治神社（南丹市日吉町田原）
28 住吉神社（南丹市八木町西田）
29 荒井神社（南丹市八木町神田）
30 道相神社（南丹市美山町宮脇）
31 八幡宮（船井郡京丹波町質美）
32 能満神社（船井郡京丹波町上野）
33 八幡宮（綾部市於与岐町田和）
34 石田神社（綾部市安国寺町宮ノ腰）
35 阿須々岐神社（綾部市金河内町東谷）
36 八幡宮（綾部市八津合町）
37 高倉神社（綾部市高座町奥路高林）
38 大原神社（福知山市三和町大原）
39 稲粒神社（福知山市川北）
40 梅田神社（福知山市三和町辻）
41 一宮神社（福知山市堀）
42 観音寺（福知山市観音寺）
43 田口神社（舞鶴市朝来中）
44 弥加宜神社（舞鶴市森）
45 金剛院（舞鶴市鹿原）
46 如願寺・日吉神社（宮津市宮町）
47 竹野神社（京丹後市丹後町宮）
48 神谷神社（京丹後市久美浜町小谷）
49 多久神社（京丹後市峰山町丹波・矢田）
50 倭文神社（与謝郡与謝野町野田川町三河内）
51 木積神社（与謝郡与謝野町弓木）
52 天満神社（与謝郡与謝野町加悦）

■ 京都市文化財環境保全地区指定箇所 [平成19年3月現在 8件]

大将軍神社文化財環境保全地区
（北区西賀茂角社町）

石座神社文化財環境保全地区
（左京区岩倉上蔵町）

志古淵神社文化財環境保全地区
（左京区久多中の町）

日向大神宮文化財環境保全地区
（山科区日ノ岡一切経谷町、夷谷町）

倉掛神社文化財環境保全地区
（南区久世東土川町）

地蔵院文化財環境保全地区
（西京区山田北ノ町）

淨住寺文化財環境保全地区
（西京区山田開キ町、桜谷町）

藤森神社文化財環境保全地区
（伏見区深草鳥居崎町、直違橋片町）

（『京都市の文化財』京都市文化観光局より転載）

あとがき

さいごに、本書の著作者についてふれておきたい。

この本は、わたしが企画したものであるが、どうじにおおくの人びとの協力によってなっている。本の基礎は「まえがき」にものべたように、一九八一年に滋賀県から大阪大学「鎮守の森保存修景研究会」に委託された研究の報告書『鎮守の森の保存修景のための基礎調査』に収められた一六の論文である。これに、大阪大学上田篤研究室の名古屋における一連の自主研究等が加えられた。

本書では、それらを五部に編集した。

第Ⅰ部「現代における鎮守の森の意味」は、一九八一年にわたしが環境庁自然保護局の依頼でおこなった講演「空間創造と自然保護」（環境庁自然保護局編『ナショナル・トラストへの道』ぎょうせい、一九八二年に所収）に加筆修正したもので、鎮守の森の保存修景の現代的意義について論じたものである。

第Ⅱ部「鎮守の森とは何か」中の冒頭論文「鎮守の森とは何か」は、本書を編むにあたってわたしが執筆したもので、かつて鎮守の森の保存運動に奮闘した南方熊楠の所説を中心に考察した。つづく「地域的分布」は、滋賀県全県における鎮守の森の分布について芝原幸夫（環境事業計画研究所、現在バイオマス産業エネルギー研究所所長）が、「集落との関係」は、鎮守の森が集落の守護神であり、地域社会の活性化の鍵である、という視点から、とくに集落との空間的関係について澤木昌典（関西情報センター、現在大阪大学教授）がそれぞれ執筆した。

第Ⅲ部「鎮守の森を調べる」は、鎮守の森の実態調査報告であり、本書の核的部分である。まず調査マニュアルについて説明した「鎮守の森を調べる」（芝原）をおき、つぎに「村の社」について安田孝（大阪大学助手、現在摂南大学教授）が、「町の社――山地部」について芝原が、「町の社――平野部」について田中充子（都市工房、現在京都精華大学教授）が、「都市の社」について加藤晃規（大阪大学助手、現在関西学院大学教授）が、以上を採点評価した「評価」については芝原が、それぞれ調査・報告した。

第Ⅳ部「鎮守の森の価値」は、その冒頭論文「鎮守の森の価値」において、まず「自然的価値」について芝原が、「文化的価値」について加藤が、「環境的価値」について田中が、「社会的価値」と、それらの補正として「一般的価値評価」について安田が、以上の考察の結果の問題点を列記した「問題の所在」は芝原が、さらに「大都市のばあい」は名古屋市の鎮守の森を例にとって加藤が、「管理」についても、どうように名古屋市の鎮守の森の管理問題に焦点をあわせて加藤がそれぞれ報告した。

そして第Ⅴ部「展望」において吉村元男（環境事業計画研究所、現在鳥取環境大学教授）が「伝統的環境財」という視点から、鎮守の森の保存修景の今後の課題について展望した。

参考資料には、もっとも先進的な鎮守の森の保存修景行政として、京都府の事例を中心に田中が整理して紹介した。

執筆分担等は以上のとおりであるが、論文内容については全員の討論によるところが大きく、また研究のフレームの立案や個々の項目の調整等についてはわたしの責任で、原稿の整理やレイアウトは田中の手によりそれぞれおこなわれた。

以上の人びとの努力によってこの本はまとめられたのであるが、これら執筆者の氏名・職業をみてもわかるように、これは、大学のみならず、野にあって日々この問題に接している市民研究者をもふくむいわば民学協同とでもいうべきものの成果で、それゆえにこそ、本書がたんなる学術研究報告書の域にとどまらず、今後の鎮守の森保存運動への具体的な一石を投ずるものであることを期待したいのである。

さいごに、この復刊書においては「参考資料」にその後の資料を付加したほかは、旧版書をそのまま活かした。ただ「復刊にあたって」の一文と、新たに「鎮守の森の現代的意義」を論ずる序説を冒頭にくわえ、いずれもわたしが執筆したことを付記する。

二〇〇七年四月

上田　篤

編著者略歴

上田　篤（うえだ　あつし）

一九三〇年　大阪に生まれる。一九五六年　京都大学大学院修了。

建設省住宅局技官、京都大学工学部建築学科助教授・経済研究所助教授（併任）・人文科学研究所教授（客員）、大阪大学工学部環境工学科教授、京都精華大学美術学部デザイン学科建築分野教授、総合研究開発機構理事（非常勤）などを経て、現在、ＮＰＯ法人社叢学会副理事長、京都精華大学名誉教授。

建築学、比較文明論専攻。

主な著書に、『京町家』（一九七四年、鹿島出版会）、『日本人とすまい』（一九七四年、岩波書店）、『橋と日本人』（一九八四年、岩波書店）、『五重塔はなぜ倒れないか』（一九九六年、新潮社）、『呪術がつくった国日本』（二〇〇二年、光文社）、『都市と日本人』（二〇〇三年、岩波書店）、『鎮守の森の物語』（二〇〇三年、思文閣出版）、『神なき国ニッポン』（二〇〇五年、新潮社）、『日本人はどのように国土をつくったか』（二〇〇五年、学芸出版社）、『日本人の心と建築の歴史』（二〇〇六年、鹿島出版会）、『一万年の天皇』（二〇〇六年、文芸春秋社）など。

主な建築作品に、「万国博お祭り広場」（一九七〇年、日本万国博協会）、「平和通り買物公園」（一九七一年、旭川市）、「橋の博物館」（一九八七年、倉敷市）、「探検の殿堂」（一九九四年、湖東町）、「京都精華大学校舎」（一九九七年、京都精華大学）など。

鎮守の森

発　行　二〇〇七年五月二〇日©

編著者　上田　篤

発行者　鹿島光一

発行所　鹿島出版会
〒一〇〇-六〇〇六
東京都千代田区霞が関三丁目二番五号
電話　〇三（五五一〇）五四〇〇
振替　〇〇一六〇-二-一八〇八八三

印刷・製本　三美印刷

ISBN 978-4-306-09386-7　C3012　Printed in Japan

本書の内容に関するご意見・ご感想は下記までお寄せください。
URL: http://www.kajima-publishing.co.jp
E-mail: info@kajima-publishing.co.jp